JN041779

数 学
軌跡・領域
分野別 標準問題精講

亀田 隆 著

Standard Exercises in Analytic Geometry

旺文社

はじめに

　「軌跡・領域という分野は論理がうるさいよね．」こんな会話からこの本の執筆が始まりました．媒介変数表示された点の軌跡でのキーワードは「媒介変数の値が存在するような点 (x, y) の集合」です．「何を言っているのかわからない．」そんな人もいるでしょう．では，これを説明するにはどこから始めるか．方程式の解の存在条件，2次方程式の解の配置，連立方程式の同値変形は外せないでしょう．それなら1次方程式から始めよう．次に，どこまでを扱うか．軌跡・領域は数学Ⅱで扱われますが，軌跡としての2次曲線なら文系の人にも十分手が届く範囲です．軌跡・領域というテーマからはずれない内容で2次曲線も扱うことにしよう．

　そんなことで書き始めたこの本は，数学Ⅰから数学Ⅲまでを縦断するものとなりました．本書を終えたときには，「方程式」という大地から歩き始め「軌跡」，「通過領域」という山の頂に立った気分になることでしょう．

　数学に限らず学習には「段階」というものがあります．区切りのいいところまでを理解すると，時間がたってもこの位置に戻ってくることは容易ですが，途中で休んでしまうと，同じ位置に戻るのに最初からやり直さなければならないことがあります．1つの章を目安に一気に学習を進めてください．また，どの章もひとつひとつの準備のもとに問題は並んでいます．1題ずつ順に進んでください．

　数学は「理解」しながら進むことが大切です．多くの問題を解いて解き方を覚えても目先を変えられると対応できませんし，時間がたつと解き方も忘れてしまいます．1つの問題に対して

「わかった」という感じをつかみながら，

「考え方」を理解してください．数学も覚えなければならないことは多くあります．**精講**，**解答**，**講究**を，手を動かしながら読み進み，この本に載せた

53題を正確に理解する

ことが，「軌跡・領域」の修得に効果的だと考えます．

　本書を手にされた方がこれを十分に活用されて，一人でも多くの人が数学は面白いと思ってくれたら幸いです．

亀田　隆

本書の特長とアイコン説明

　問題編では，本書の問題53題を一覧にして並べ，扱われている問題を把握しやすくしています．繰り返し学習するときの問題閲覧用として利用してください．なお，数学Ⅲの問題には☆をつけてあります．出題大学名は略しています．
　解答編では，著者が考えた問題以外は出題大学名を表示しています．

問題　数多くの問題に目を通しました．できれば入試問題をそのまま載せたかったのですが，テーマを絞るために改題したものもあります．また，作問したものもあります．結果，53題が並びました．53という数字から東海道五十三次をイメージしてしまいます．1題1題，宿場町に泊まるつもりで進んでください．

精講　問題を解くための考え方を示しました．各問題のテーマ，関連する基本事項が確認できます．問題を見てからここを読む，問題を解いてからここを読むのどちらでもいいと思います．各問題を終えたとき，「この問題から何を学んだか」が整理されることが理想です．

解答　丁寧な記述を心がけました．必要十分の記号「⟺」を用いた式変形は論証重視のところです．必要条件で終わらせることのないよう手を動かしながら進んでください．また，右の余白には随所に ⬅ を用いて，補充説明を付記し，理解の助けとしました．

講究　基本事項のさらなる説明，別解，発展的な見方や考え方などを扱っています．

4

もくじ

———— 著 者 紹 介 ————

亀田 隆(かめだ たかし)
1953年北海道生まれ
東京理科大学大学院修士課程修了．現在は駿台予備学校の
教壇に立ち，教材や模擬試験などの作成をしている．また
『全国大学入試問題正解数学』(旺文社)の解答者でもある．
著書には，『数学Ⅱ・B標準問題精講』(旺文社)，『Z会数学基
礎問題集チェック＆リピート』(共著)がある．

問題編

第 1 章 方程式・不等式の理論

1 → 解答 p.30

(1) $(a+1)x^2+2ax+2=0$ を満たす x の値がただ 1 つであるとき，定数 a の値を求めよ．

(2) a, b を実数とする．また，実数 x に対する 2 つの条件 $x(x^2+ax+b)=0$ と $x=0$ が，互いに同値であるとする．このとき，a と b が満たす関係を求め，点 $(a,\ b)$ が存在する領域を座標平面に図示せよ．

2 → 解答 p.34

次の不等式を解け．

(1) $2x^3-5x>-x^2-2$

☆(2) $\dfrac{x^2-1}{x}\leqq 1$

☆(3) $\sqrt{3-x}<x+1$

3　　→ 解答 p.40

2 つの不等式

$$|x-a| \leqq 2a+3 \qquad \cdots\cdots ①$$
$$|x-2a| > 4a-4 \qquad \cdots\cdots ②$$

について考える.

(1)　不等式①を満たす実数 x が存在するような定数 a の値の範囲を求めよ.

(2)　不等式①と②を同時に満たす実数 x が存在するような定数 a の値の範囲を求めよ.

4　　→ 解答 p.44

区間　$-1 \leqq x \leqq 1$　で 2 つの関数

$$f(x)=2x^2-x, \quad g(x)=x^2+3x+a$$

を考える.

(1)　すべての x に対して　$f(x)>g(x)$　となるような a の値の範囲を求めよ.

(2)　少なくとも 1 つの x に対して　$f(x)>g(x)$　となるような a の値の範囲を求めよ.

(3)　すべての x_1, x_2 に対して　$f(x_1)>g(x_2)$　となるような a の値の範囲を求めよ.

(4)　少なくとも 1 つの組 x_1, x_2 に対して　$f(x_1)>g(x_2)$　となるような a の値の範囲を求めよ.

5　→ 解答 p.48

(1)　連立方程式

$$\begin{cases} ax+y=1 & \cdots\cdots ① \\ x+ay=1 & \cdots\cdots ② \end{cases}$$

を次のように加減法を用いて解いた．誤りを指摘し，正しい答を求めよ．

――誤答例――――――――――――――――――――――――――
①×a－② より　$(a^2-1)x=a-1$　　$\cdots\cdots$ ③
①－②×a より　$(1-a^2)y=1-a$　　$\cdots\cdots$ ④
これより

$$\begin{cases} a\neq\pm1 \text{ のとき} & x=\dfrac{1}{a+1}, \ y=\dfrac{1}{a+1} \\ a=1 \text{ のとき} & x, \ y \text{ は任意} \\ a=-1 \text{ のとき} & \text{解なし} \end{cases}$$
――――――――――――――――――――――――――――――

(2)　連立方程式

$$\begin{cases} x^2+y^2=1 & \cdots\cdots ① \\ y=x+1 & \cdots\cdots ② \end{cases}$$

を次のように代入法を用いて解いた．誤りを指摘し，正しい答を求めよ．

――誤答例――――――――――――――――――――――――――
②を①に代入すると
　　$x^2+(x+1)^2=1$
　　$2x^2+2x=0$
　　$\therefore \ x=0, \ -1$　　$\cdots\cdots$ ③
③を①に代入して
　　$x=0$ のとき　$0^2+y^2=1$　$\therefore \ y=\pm1$
　　$x=-1$ のとき　$(-1)^2+y^2=1$　$\therefore \ y=0$
以上より　$(x, \ y)=(0, \ \pm1), \ (-1, \ 0)$
――――――――――――――――――――――――――――――

6　→ 解答 p.52

　2つの2次方程式 $x^2+px+q=0$, $x^2+qx+p=0$ は共通の解を1つだけもち，一方の方程式のみ重解をもつ．このとき定数 p, q の値を求めよ．

7　　→ 解答 p.56

k を実数の定数とする．x，y の連立方程式
$$x+y=k, \quad xy=k$$
が実数解をもつとき，k のとり得る値の範囲を求めよ．

8　　→ 解答 p.58

3次方程式 $x^3+ax^2+bx+c=0$ の3つの解を α，β，γ とする．
(1)　$\alpha+\beta+\gamma=-a$，$\alpha\beta+\beta\gamma+\gamma\alpha=b$，$\alpha\beta\gamma=-c$ が成り立つことを示せ．
(2)　$\alpha+\beta+\gamma=1$，$\alpha^2+\beta^2+\gamma^2=3$，$\alpha^3+\beta^3+\gamma^3=7$ のとき，$\alpha^4+\beta^4+\gamma^4$ の値を求めよ．

9　　→ 解答 p.62

実数 x，y に関する連立方程式
$$\begin{cases} x^3+3y=4 \\ 3x+y^3=4 \end{cases} \quad \cdots\cdots (*)$$
について，次の各問いに答えよ．
(1)　(x, y) が連立方程式 $(*)$ の解であるとき，$x^3+y^3+3x+3y$ の値および $x^3-y^3-3x+3y$ の値を求めよ．
(2)　連立方程式 $(*)$ の解 (x, y) で $x=y$ となるものをすべて求めよ．
(3)　連立方程式 $(*)$ の解 (x, y) で $x\neq y$ となるものに対して
$$X=x+y, \quad Y=xy$$
とおく．このとき X，Y の値を求めよ．
(4)　連立方程式 $(*)$ の解 (x, y) は全部でいくつあるか．

10 → 解答 p.66

x についての 2 次方程式 $x^2-2px+2p+1=0$ が次のような異なる 2 つの実数解をもつとき，定数 p の値の範囲を求めよ．ただし，p は実数とする．

(1) 2 つの解がともに正

(2) 2 つの解がともに負

(3) 1 つの解が正，他の解が負

11 → 解答 p.70

a，b を実数とする．x についての 2 次方程式 $x^2+ax+b=0$ が $x>1$ の範囲に少なくとも 1 つ解をもつための a，b の条件を求め，この条件を満たす点 $(a,\ b)$ を ab 平面に図示せよ．

12 → 解答 p.74

a を実数の定数とする．θ の方程式
$$\sin\theta+\cos\theta-a=0$$
について，次の問いに答えよ．

(1) 解が $0\leqq\theta\leqq\pi$ の範囲に存在するような a の値の範囲を求めよ．

(2) 解が $0\leqq\theta\leqq\pi$ の範囲にただ 1 つ存在するような a の値の範囲を求めよ．

13　→ 解答 p.78

a, b を実数の定数とする. x と y の連立方程式
$$\begin{cases} \sin x + \cos y = a \\ \cos x + \sin y = b \end{cases}$$
について, 次の問いに答えよ.

(1) 解が存在するような a, b の条件を求めよ.

(2) $a = \sqrt{2}$, $b = -\sqrt{2}$ のとき, この連立方程式を解け. ただし, $0 \leq x < 2\pi$, $0 \leq y < 2\pi$ とする.

14　→ 解答 p.82

(1) a を実数とする. 方程式
$$\cos^2 x - 2a \sin x - a + 3 = 0$$
の解で $0 \leq x < 2\pi$ の範囲にあるものの個数を求めよ.

(2) 定数 a に対して
$$f(x) = 3\sin^2 x + 9\cos^2 x + 4a \sin x \cos x$$
とおく. x についての方程式 $f(x) = 0$ が実数解をもつための a の条件を求めよ.

第 2 章　値域と最大・最小

15　→ 解答 p.84

定義域が $-1 \leqq x \leqq 2$ である 2 次関数 $y = -6x^2 + 12x + 2$ の値域を求めよ.

16　→ 解答 p.88

x の 2 次方程式 $x^2 + (2+a)x + a^2 = 0$ （a は実数の定数）がある. この方程式が実数解をもつとき，その解の値の範囲を求めよ.

17　→ 解答 p.90

次の分数関数のとり得る値の範囲を求めよ.

(1)　$y = \dfrac{x+1}{x^2}$ 　$(x \neq 0)$

(2)　$y = \dfrac{x^2+1}{x}$ 　$(x \neq 0)$

(3)　$y = \dfrac{x}{x^2+1}$

18 → 解答 p.94

2つの実数 x および y について，$x > 0$，$y > 0$，$x + y = 1$ のとき，次の各式のとり得る値の範囲を求めよ．

(1) xy

(2) $x^2 + y^2$

(3) $\dfrac{y+1}{x+1}$

19 → 解答 p.98

実数 x，y が $x^2 + y^2 = 1$ を満たすとき，次の各式のとり得る値の範囲を求めよ．

(1) $x - y$

(2) $\dfrac{y}{2+x}$

(3) $2x^2 - xy + 3y^2$

20 → 解答 p.102

実数 x，y について，関係式 $x^2 + xy + y^2 = 3$ が成り立つとする．次の各式のとり得る値の範囲を求めよ．

(1) $x + y$

(2) $x^2 + y^2 + x + y$

21 → 解答 p.104

以下の問いに答えよ.

(1) x, y の関数 $P = x^2 + 3y^2 + 4x - 6y + 2$ の最小値を求めよ. また, そのときの x, y の値を示せ.

(2) $0 \leqq x \leqq 3$, $0 \leqq y \leqq 3$ のとき, (1)の関数 P の最大値および最小値を求めよ. また, それぞれの場合の x, y の値を示せ.

(3) x, y の関数 $Q = x^2 - 6xy + 10y^2 - 2x + 2y + 2$ の最小値を求めよ. また, そのときの x, y の値を示せ.

(4) $0 \leqq x \leqq 3$, $0 \leqq y \leqq 3$ のとき, (3)の関数 Q の最大値および最小値を求めよ. また, それぞれの場合の x, y の値を示せ.

22 → 解答 p.110

連立不等式

$$\begin{cases} 3x + 2y \leqq 22 \\ x + 4y \leqq 24 \\ x \geqq 0 \\ y \geqq 0 \end{cases}$$

の表す座標平面上の領域を D とする. 点 (x, y) が領域 D を動くとき, 以下の問いに答えよ.

(1) $x + y$ の最大値, および, その最大値を与える x, y の値を求めよ.

(2) $2x + y$ の最大値, および, その最大値を与える x, y の値を求めよ.

(3) a を正の実数とするとき, $ax + y$ の最大値を求めよ.

23 → 解答 p.112

2 次関数 $f(x) = x^2 - 2ax + 4b$ (a, b は定数) は不等式
$$0 \leqq f(0) \leqq 8, \quad 1 \leqq f(1) \leqq 5$$
を満たしている.

$f(x)$ の最小値 m の最大値, およびそのときの a, b の値を求めよ.

第 3 章 軌跡と領域

24 → 解答 p.116

次の問いに答えよ.
(1) 2点 $A(2, 4)$, $B(4, 2)$ から等距離にある点の軌跡の方程式を求めよ.
(2) 2直線 $8x-y=0$ と $4x+7y-2=0$ から等距離にある点の軌跡の方程式を求めよ.

25 → 解答 p.120

座標平面上に2点 $A(1, 4)$, $B(-1, 0)$ がある.
(1) 距離の2乗の差 AP^2-BP^2 が 18 である点Pの軌跡を求めよ.
(2) 距離の2乗の和 AP^2+BP^2 が 18 である点Pの軌跡を求めよ.

26 → 解答 p.122

次の問いに答えよ.
(1) 座標平面上に2点 $A(1, -1)$, $B(7, 7)$ がある. 点Pが $\angle APB=90°$ を満たしながら動くとき, 点Pの軌跡の方程式を求めよ.
(2) 座標平面上に2点 $A(2, 0)$, $B(-2, 0)$ がある. 点Pが, $\angle APB=30°$ を満たしながら動くとき, 点Pの軌跡の方程式を求めよ.

27　→解答 p.126

平面上に異なる 2 点 A，B がある．条件
$$AP : BP = m : n$$
を満たす点Pの軌跡を求めよ．ただし，m，n は正の数である．

☆28　→解答 p.130

次の問いに答えよ．
(1)　$p \neq 0$ とする．定点 F$(0, p)$ と直線 $l : y = -p$ からの距離が等しい点Pの軌跡の方程式を求めよ．
(2)　座標平面上で点 F$(0, 2)$ を中心とする半径 1 の円をCとし，円Cに外接しx軸に接する円をDとする．円Dの中心Pが描く図形の方程式を求めよ．

☆29　→解答 p.132

次の問いに答えよ．
(1)　$a > c > 0$ とし，$b > 0$ とする．2 定点 F$(c, 0)$，F$'(-c, 0)$ からの距離の和が一定値 $2a$ である点Pの軌跡は $\dfrac{x^2}{a^2} + \dfrac{y^2}{b^2} = 1$ と表されることを示し，b を a，c で表せ．
(2)　円 $C : x^2 + y^2 = 1$ と点 A$(x_0, 0)$ があり，$0 < x_0 < 1$ とする．原点Oと円C上の点Bを通る直線 l_1 と線分 AB の垂直二等分線 l_2 の交点をPとする．点Bが円C上を動くとき，点Pの軌跡の方程式を求めよ．また，その方程式が表す図形を図示せよ．

☆**30**　→ 解答 p.136

次の問いに答えよ.

(1) $c>a>0$ とし, $b>0$ とする. 2定点 $(c, 0)$, $(-c, 0)$ からの距離の差が一定値 $2a$ である点Pの軌跡は $\dfrac{x^2}{a^2}-\dfrac{y^2}{b^2}=1$ と表されることを示し, b を a, c で表せ.

(2) (i) 点P(p, q) と円 $C:(x-a)^2+(y-b)^2=r^2$ $(r>0)$ との距離 d とは, PとC上の点 (x, y) との距離の最小値をいう. PがCの外部にある場合と内部にある場合に分けて, d の表す式を求めよ.

(ii) 2つの円 $C_1:(x+4)^2+y^2=81$ と $C_2:(x-4)^2+y^2=49$ から等距離にある点Pの軌跡の方程式を求め, 図示せよ.

☆**31**　→ 解答 p.140

e を与えられた正の定数とし, 点Fの座標を $(1, 0)$ とする. 点Pの座標を (x, y) とするとき, 以下の問いに答えよ.

(1) y 軸から点Pまでの距離と点Fから点Pまでの距離の比が $1:e$ であるために x, y が満たすべき条件を求めよ.

(2) $e=1$ のとき, (1)の条件を満たす点Pの軌跡を求めよ.

(3) $0<e<1$ のとき, (1)の条件を満たす点Pの軌跡を求めよ.

(4) $e>1$ のとき, (1)の条件を満たす点Pの軌跡を求めよ.

(5) (1)の条件を満たす点Pの軌跡の概形を, $e=\dfrac{1}{2}$, 1, 2 の3つの場合について同一平面上に図示せよ.

32 → 解答 p.144

☆(1)　次の不等式の表す領域を図示せよ.

(i)　$y \geqq \dfrac{1}{x}$　　　　(ii)　$x \geqq \dfrac{1}{y}$

(iii)　$xy \geqq 1$　　　　(iv)　$1 \geqq \dfrac{1}{xy}$

(2)　次の不等式の表す領域を図示せよ.

(i)　$y^2 < 1-x^2$　　　☆(ii)　$y < \sqrt{1-x^2}$

33 → 解答 p.150

次の不等式が表す領域を図示せよ.

(1)　(i)　$(x-1)>0$ かつ $(y-2)>0$ かつ $(x+y+1)>0$

　　(ii)　$(x-1)(y-2)>0$ かつ $(x+y+1)>0$

　　(iii)　$(x-1)(y-2)(x+y+1)>0$

(2)　$\begin{cases} (2y+x-2)(y-x)<0 \\ (3y-6x+2)(y+x-4)>0 \end{cases}$

(3)　$\begin{cases} |x|+|y| \leqq 2 \\ |x+y|+|x-y| \geqq 2 \end{cases}$

34 → 解答 p.154

2点 A$(-1,\ 5)$, B$(2,\ -1)$ と直線 $l : y=(b-a)x-(3b+a)$ がある.

(1)　線分 AB と l が共有点をもつような点 $(a,\ b)$ の存在する領域を図示せよ.

(2)　△OAB と l が共有点をもつような点 $(a,\ b)$ の存在する領域を図示せよ.

ただし, O は原点 $(0,\ 0)$ とする.

第 **4** 章 媒介変数表示

35 → 解答 p.156

s, t を実数とする．以下の問いに答えよ．

(1) $x=1+2t$, $y=1+3t$ とおく．t が $t \geqq 0$ の範囲を動くとき，点 (x, y) の動く範囲を座標平面内に図示せよ．

(2) (i) $x=s+t+1$, $y=s-t-1$ とおく．s, t が $s \geqq 0$, $t \geqq 0$ の範囲を動くとき，点 (x, y) の動く範囲を座標平面内に図示せよ．

   (ii) $x=st+s-t+1$, $y=s+t-1$ とおく．s, t が実数全体を動くとき，点 (x, y) の動く範囲を座標平面内に図示せよ．

36 → 解答 p.160

次の問いに答えよ．

(1) 放物線 $C : y=-x^2+4kx-5k^2+4$ と x 軸が異なる 2 個の共有点をもつとき，C の頂点の軌跡の方程式を求めよ．

(2) t が実数全体を動くとき，次の式で表される点 (x, y) の軌跡の方程式を求め，図示せよ．

  (i) $\begin{cases} x=t^2-1 \\ y=t^4+2t^2 \end{cases}$ (ii) $\begin{cases} x=2\cos t \\ y=-\sin^2 t \end{cases}$

37　→ 解答 p.162

次の問いに答えよ.

(1) 次のように媒介変数表示された点 (x, y) の軌跡の方程式を求め，図示せよ.

(ⅰ)
$$
\begin{cases}
x = \sin\theta \\
y = \cos\theta \\
0 \leq \theta \leq \dfrac{3\pi}{2}
\end{cases}
$$

☆(ⅱ)
$$
\begin{cases}
x = 2\cos\theta \\
y = \sin\theta \\
0 \leq \theta \leq \dfrac{4\pi}{3}
\end{cases}
$$

(2) 次のように媒介変数表示された点 (x, y) の軌跡の方程式を求め，図示せよ.

$$
\begin{cases}
x = \dfrac{1-t^2}{1+t^2} \\
y = \dfrac{2t}{1+t^2} \\
t \geq -1
\end{cases}
$$

☆38　→ 解答 p.168

次のように媒介変数表示された点 (x, y) の軌跡の方程式を求め，図示せよ.

(1)
$$
\begin{cases}
x = \dfrac{1}{\cos t} \\
y = \sqrt{3}\,\tan t
\end{cases}
$$

(2)
$$
\begin{cases}
x = t + \dfrac{1}{t} \\
y = t - \dfrac{1}{t} \\
t \geq -1 \ （ただし，\ t \neq 0）
\end{cases}
$$

39　→ 解答 p.172

次の問いに答えよ.

(1) xy 平面上の 2 直線 $tx-y=t$, $x+ty=-2t-1$ の交点を P とおく. t が実数全体を動くとき, 点 P の軌跡を求め, 図示せよ.

(2) xy 平面上の 2 直線 $y=x+4\sin\theta+1$, $y=-x+4\cos\theta-3$ の交点を P とおく. θ が実数全体を動くとき, 点 P の軌跡を求め, 図示せよ.

40　→ 解答 p.176

xy 平面上の点 $P(x_0, \ y_0)$ から放物線 $C : y=\dfrac{x^2}{2}$ へ 2 本の接線が引けるとし,

接点を Q, R とする.

(1) ∠QPR＝90° となるような点 P の軌跡を図示せよ.

(2) ∠QPR＝45° となるような点 P の軌跡を図示せよ.

41　→ 解答 p.180

次の問いに答えよ.

(1) 点 P が放物線 $y=x^2$ 上を動くとき, 定点 $A(1, \ 4)$ と点 P とを結ぶ線分 AP を $1:2$ に内分する点 Q の軌跡を求めよ.

(2) 2 点 $A(0, \ 3)$, $B(0, \ 1)$ と円 $(x-2)^2+(y-2)^2=1$ が与えられている. 点 P がこの円周上を動くとき, △ABP の重心 G の軌跡を求めよ.

42　→ 解答 p.182

　直線 $y=a(x+2)$ と円 $x^2+y^2-4x=0$ は異なる 2 点 P，Q で交わっているとする．また，線分 PQ の中点を R とする．
(1)　定数 a の値の範囲を求めよ．
(2)　R の座標を a を用いて表せ．
(3)　原点 O と点 R の距離を求めよ．
(4)　a の値が(1)で求めた範囲を動くとき，点 R の軌跡を求めよ．

43　→ 解答 p.184

　放物線 $y=x^2$ 上の 2 点 P，Q は，PQ$=2$ を満たしながら動く．線分 PQ の中点を M とするとき，次の問いに答えよ．
(1)　点 M の軌跡の方程式を求めよ．
(2)　点 M の y 座標が最小となるときの M の座標を求めよ．

44　→ 解答 p.186

　xy 平面の原点を O とする．xy 平面上の O と異なる点 P に対し，直線 OP 上の点 Q を，次の条件(a)，(b)を満たすようにとる．
　　(a)　OP$\cdot$OQ$=4$
　　(b)　Q は，O に関して P と同じ側にある．
　このとき，次の問いに答えよ．
(1)　点 P が直線 $x=1$ の上を動くとき，点 Q の軌跡を求めて，図示せよ．
(2)　$a>r>0$ とする．点 P が円 $(x-a)^2+y^2=r^2$ の上を動くとき，点 Q の軌跡が円であることを示し，その中心の座標と半径を求めよ．

45 → 解答 p.190

xy 平面上に，原点 O を中心とする半径 1 の円 C と，点 $(4,\ 3)$ を中心とする半径 1 の円 D がある．円 C 上に異なる 2 点 A，B があり，円 D 上に点 P がある．2 つの直線 AP，BP は円 C の接線とする．直線 AB と直線 OP の交点を Q とするとき，以下の問いに答えよ．

(1) 点 P の座標を $(5,\ 3)$ とするとき，直線 AB の方程式を求めよ．

(2) 上記(1)のとき，点 Q の座標を求めよ．

(3) 点 P が円 D の円周上を動くとき，点 Q の軌跡を求めよ．

46 → 解答 p.194

xy 平面の線分 L と領域 D を
$$L=\{(0,\ y)\,\big|\,{-1}\leqq y\leqq 1\},\quad D=\{(x,\ y)\,\big|\,(x-4)^2+y^2\leqq 1\}$$
と定める．

(1) L 上の点 P，D 上の点 Q に対し，線分 PQ の中点を M とする．

　(ⅰ) P が $(0,\ 0)$ で，Q が D の周および内部を動くとき，M が動く領域を求めよ．

　(ⅱ) P が L 上を，Q が D の周および内部を動くとき，M が動く領域を図示せよ．

(2) 次の条件を満たす領域 E を図示せよ．

　「E の点は，L の適当な点をとると，これら 2 点の中点が D の周および内部に含まれる．」

第 5 章　通過領域

47　→ 解答 p.198

t が実数全体を動くとき，xy 平面上の直線

$$l_t : y = 2tx - t^2 \quad \cdots\cdots (*)$$

の通過する領域を次の 3 つの方法で求めよ.

(1) $(*)$ を満たす実数 t が存在するような点 (x, y) の集合を求める.

(2) x を固定したときの y の値域を求め，次に x を動かす.

(3) t の値によらず $(*)$ が一定の放物線に接することを用いる.

48　→ 解答 p.200

xy 平面上に円 $C : x^2 + (y+2)^2 = 4$ がある. 中心 $(a, 0)$，半径 1 の円を D とする. C と D が異なる 2 点で交わるとき，次の問いに答えよ.

(1) a のとり得る値の範囲を求めよ.

(2) C と D の 2 つの交点を通る直線の方程式を求めよ.

(3) a が(1)の範囲を動くとき，(2)の直線が通過する領域を図示せよ.

49　→ 解答 p.204

t を $0<t<1$ を満たす実数とする．xy 平面上の 3 点 A$(-1,\ 1)$，B$(0,\ -1)$，C$(1,\ 1)$ に対し，線分 AB を $t:1-t$ に内分する点を P とし，線分 BC を $t:1-t$ に内分する点を Q とする．さらに，線分 PQ を $t:1-t$ に内分する点を R とし，点 P と点 Q を通る直線を l とする．このとき，次の問いに答えよ．
(1)　点 R の座標を t を用いて表せ．
(2)　直線 l が曲線 $y=x^2$ の点 R における接線であることを示せ．
(3)　t が条件 $0<t<1$ を満たしながら変化するとき，直線 l が通過する領域を図示せよ．

☆**50**　→ 解答 p.208

座標平面上に，点 A$(0,\ -2)$ と円 $C:x^2+(y-2)^2=4$ がある．円 C 上の点 P に対し，線分 AP の中点を M，M を通り AP に垂直な直線を l とする．直線 l が通る点全体の領域を求め，図示せよ．

51　→ 解答 p.210

放物線 $y=x^2$ 上に 2 点 P$(t,\ t^2)$，Q$(t+1,\ (t+1)^2)$ をとる．次の問いに答えよ．
(1)　t がすべての実数を動くとき，直線 PQ が通過する領域を求めよ．
(2)　t が $-1\leqq t\leqq 0$ の範囲を動くとき，線分 PQ が通過する領域を求め，図示せよ．

52　→ 解答 p.212

a, t を実数とするとき，座標平面において，
$$x^2+y^2-4-t(2x+2y-a)=0$$
で定義される図形 C を考える．次の問いに答えよ．

(1) すべての t に対して C が円であるような a の範囲を求めよ．ただし，点は円とみなさないものとする．

(2) $a=4$ とする．t が $t>0$ の範囲を動くとき，C が通過してできる領域を求め，図示せよ．

(3) $a=6$ とする．t が $t>0$ であって，かつ C が円であるような範囲を動くとき，C が通過してできる領域を求め，図示せよ．

53　→ 解答 p.216

実数 a に対し，xy 平面上の放物線 $C:y=(x-a)^2-2a^2+1$ を考える．次の問いに答えよ．

(1) a がすべての実数を動くとき，C が通過する領域を求め，図示せよ．

(2) a が $-1 \leqq a \leqq 1$ の範囲を動くとき，C が通過する領域を求め，図示せよ．

解 答 編

第 1 章 方程式・不等式の理論

1   方程式の基本

(1) $(a+1)x^2+2ax+2=0$ を満たす x の値がただ1つであるとき，定数 a の値を求めよ．

（工学院大）

(2) a, b を実数とする．また，実数 x に対する2つの条件
$x(x^2+ax+b)=0$ と $x=0$ が，互いに同値であるとする．このとき，a と b が満たす関係を求め，点 (a, b) が存在する領域を座標平面に図示せよ．

（公立はこだて未来大）

精 講　(1) まず，a は定数であり，さらに「x の値がただ1つ」と書かれているので，与えられた等式は x についての方程式です．

← 方程式とは？ **講** **究** 1°

次に，最高次の係数 $a+1$ は0となる可能性があり，等式を満たす x を求めるには

最高次の係数が0であるか否かの場合分け

が必要です．

さらに，等式を満たす x の「値を求める」のであって，「解を求めよ」とは書かれていません．複素数まで扱う範囲を広げますが，**「n 次方程式の解は重複度も含めて n 個ある」** とするのが数学の慣習です．すなわち，2次方程式の「解」は（重解のときも）「2つある」のです．本問ではこのことを考慮して「値」という言葉を使っています．すなわち，重解は「値としては1つ」ですが，「解としては2つ」ということです．

← 解とは？ **講** **究** 1°

← 「値」と「解」を使い分けよう．

(2) 「$x(x^2+ax+b)=0 \iff x=0$」において，$\impliedby$ は任意の a, b について成立するので，$\implies$ が問題となります．

← 「$\iff$」は同値であることを示す記号です．

また，問題文は「実数 x に対する条件…」となっていることに注意しましょう．$x^2+ax+b=0$ が虚数解をもつときは，$x(x^2+ax+b)=0$ の実数解は $x=0$ のみです．

解　答

(1)　　　　$(a+1)x^2+2ax+2=0$　……①

(i)　$a+1=0$ $(a=-1)$ のとき

　　①　$\Longleftrightarrow$　$-2x+2=0$

　　$\therefore$　$x=1$

　x の値がただ1つであり，条件を満たす.

◀最高次の係数 $a+1$ が「0であるか否か」で場合分けする.

(ii)　$a+1\neq0$ のとき

　①の判別式を D とすると

$$\frac{D}{4}=a^2-2(a+1)=a^2-2a-2$$

◀①は2次方程式である.

　①を満たす x の値がただ1つ存在する条件は，①が重解をもつことであり

　　$D=0$　　$\therefore$　$a=1\pm\sqrt{3}$

◀「①を満たす x の値」という表現は，x を解とは捉えていないので，重解となる x は①を満たすただ1つの値とみなす.

(i)，(ii)より，求める a の値は

　　$a=-1$ または $1\pm\sqrt{3}$

(2)　　　　　　$x(x^2+ax+b)=0$

　　　$\Longleftrightarrow$ $x=0$ または $x^2+ax+b=0$

◀　　　$AB=0$
　　$\Longleftrightarrow A=0$ または $B=0$

であるから，$f(x)=x^2+ax+b$ とおくと，「実数 x に対して $xf(x)=0$ と $x=0$ が同値である」ということは

(i)　$f(x)=0$ が $x=0$ を重解にもつ

(ii)　$f(x)=0$ が虚数解をもつ

◀$x=0$ はすでに解と認められているので $f(x)=0$ に着目する.

のいずれかが成り立つということである．$f(x)=0$ の判別式を D とおくと，$D=a^2-4b$ であり

(i) $\Longleftrightarrow$ $\begin{cases} D=0 \\ f(0)=0 \end{cases}$ $\Longleftrightarrow$ $\begin{cases} a^2-4b=0 \\ b=0 \end{cases}$

◀条件(i)を a, b で表す.

　$\therefore$　$(a,\ b)=(0,\ 0)$

また

(ii) $\Longleftrightarrow$ $a^2-4b<0$

◀条件(ii)を a, b で表す.

　$\therefore$　$b>\dfrac{a^2}{4}$

(i)，(ii)より，点 $(a,\ b)$ の存在する領域は，**右図の斜線部である．境界は点 $(0,\ 0)$ のみを含む.**

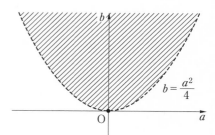

講究 1° xに関する2つの式が等号で結びついた式をxについての**等式**といい、どんなxの値に対しても成り立つ等式を**恒等式**、特定な値に対してしか成り立たない等式を**方程式**という。

　方程式を成り立たせるxの値(ただし、重複度も考慮する)をその方程式の**解**といい、解を求めることを**方程式を解く**という。

2°　一番単純な方程式は「1次方程式」

$$ax + b = 0$$

である。ここで、aとbは定数で、xは未知数である。**1次方程式**というときは、定数aには「0でない」という条件が課される。$a = 0$ の場合には未知数xが消失してしまい、1次ではなくなってしまう。

　$a = 0$ の場合も含めると

　　等式 $ax = b$ ……（＊）

を満たすxは次のように分類される。

(i)　$a \neq 0$ のとき　$x = \dfrac{b}{a}$　　　　　　　　　（一意解）

(ii)　$a = 0$ のとき、（＊）$\iff 0x = b$ であるから

$$\begin{cases} b = 0 \text{ のとき } x \text{ は任意の数} & \text{（不定）} \\ b \neq 0 \text{ のとき } x \text{ は存在しない} & \text{（不能）} \end{cases}$$

　したがって、（＊）について、次が成り立つ。

（＊）がただ1つの解をもつ $\iff a \neq 0$

（＊）を満たすxが存在する $\iff$ 「$a \neq 0$」または「$a = b = 0$」

3°　次に、xについての2次方程式

$$ax^2 + bx + c = 0$$

を考える。「xについての」とあるので、未知数はxであり、他の文字a, b, cは定数である。さらに**2次方程式**とあるので $a \neq 0$ でもある。左辺を「平方完成する」ことにより、この方程式を解く(解の公式を得る)ことができる。

　2次方程式 $ax^2 + bx + c = 0$ の解は

$$x = \frac{-b \pm \sqrt{b^2 - 4ac}}{2a} \quad （2次方程式の解の公式）$$

であり、$b = 2b'$ のときは

$$x = \frac{-b' \pm \sqrt{b'^2 - ac}}{a}$$

である。

4°　x についての2次方程式 $ax^2+bx+c=0$ の解は，b^2-4ac の符号により，次のように分類される．b^2-4ac は**判別式**(discriminant)とよばれている．

$D=b^2-4ac$ と表すと，数学 I では解を実数の範囲で考えているから

> $D>0$ のとき，異なる2つの実数解をもつ
> $D=0$ のとき，(実数の)重解をもつ
> $D<0$ のとき，実数解をもたない

となる．数学 II では解の範囲が複素数まで拡がるから

> $D>0$ のとき，異なる2つの実数解をもつ
> $D=0$ のとき，(実数の)重解をもつ
> $D<0$ のとき，異なる2つの虚数解をもつ

となる．

　係数 a, b, c が実数のときは D の符号は確定し，解の状態は上の3つに分類されるが，係数が複素数のときは(たとえ D を計算した結果が実数であったとしても)話は違う．このときは

> $D\neq0$ のとき，異なる2つの解をもつ
> $D=0$ のとき，重解をもつ

として，D は解が**重解であるか否か**を判別するのに使われる．

2	**不等式の基本**

次の不等式を解け．

(1) $2x^3-5x>-x^2-2$ （福島大）

(2) $\dfrac{x^2-1}{x}\leqq 1$ （学習院大）

(3) $\sqrt{3-x}<x+1$ （関西大）

精 講　(1)　**高次不等式**の問題です．

与式を $f(x)>0$ の形に変形し，整式 $f(x)$ を因数分解します．後は，**各因数の符号を**調べて，条件を満たす $f(x)$ の符号を探ります．

$y=f(x)$ **のグラフ**をかいて，$y>0$ を満たす x の範囲を求めてもよいですね．

← 因数定理を利用する．

← 各因数の符号を示す表を作る．

(2)　**分数不等式**の問題です．

与式を $F(x)\leqq 0$ の形に変形して $F(x)$ の**因数それぞれの符号**を調べてもよいし，グラフ（数学Ⅲ）をかいてもよいでしょう．**分母を払って**，高次不等式に持ち込む手もあります．すなわち，次のような**同値変形**を考えます．

← 数学Ⅲで扱うテーマです．

← 各因数の符号を示す表を考える．

← 分母を払うときは符号の注意が必要で，**正負により場合分け**する，あるいは，両辺に**（分母）² を掛ける**といった解法が考えられます．

整式 $f(x)$, $g(x)$ について

(i) $\dfrac{f(x)}{g(x)}>0 \iff f(x)g(x)>0$

(ii) $\dfrac{f(x)}{g(x)}\geqq 0 \iff \begin{cases} f(x)g(x)\geqq 0 \\ g(x)\neq 0 \end{cases}$

← 分数不等式の同値変形 (ii)のとき，（分母）$\neq 0$ を忘れないように‼

(3)　**無理不等式**の問題です．

平方根を含む無理不等式では，両辺を 2 乗して，**平方根をはずす**ことを考えます．あるいは，**グラフ**（数学Ⅲ）をかいてもよいでしょう．

2 乗するときは，次のような**同値変形**を考えます．

← 数学Ⅲで扱うテーマです．

整式 $f(x)$, $g(x)$ について
- (ⅰ) $\sqrt{f(x)} < g(x)$
  $$\iff f(x) < \{g(x)\}^2$$
  かつ $f(x) \geqq 0$ かつ $g(x) \geqq 0$
- (ⅱ) $f(x) < \sqrt{g(x)}$
  $$\iff \begin{cases} f(x) \geqq 0 \\ \{f(x)\}^2 < g(x) \end{cases}$$
  または $\begin{cases} f(x) < 0 \\ g(x) \geqq 0 \end{cases}$

◀ 無理不等式の同値変形
$\sqrt{A} < B$ タイプは，左辺が正なので，右辺も正であり平方しても大小は変わらないのですが，$A < \sqrt{B}$ タイプは，$A < 0$ の可能性もあり注意が必要です。
(ⅰ)の「$g(x) \geqq 0$」は，「$g(x) > 0$」でもよい。

解　答

(1)　　　$2x^3 - 5x > -x^2 - 2$
　　　　$2x^3 + x^2 - 5x + 2 > 0$
　因数定理を用いて，左辺を因数分解すると
　　　　$(x-1)(2x-1)(x+2) > 0$
　であるから，不等式の解は
$$-2 < x < \frac{1}{2},\ 1 < x$$

◀ 因数定理 **講 究** 2°
◀ グラフの利用 **講 究** 1°

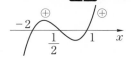

(2)　両辺に x^2 を掛けて，分母を払うと
$$\frac{x^2-1}{x} \leqq 1$$
$$\iff \begin{cases} x(x^2-1) \leqq x^2 & \cdots\cdots ① \\ x \neq 0 & \cdots\cdots ② \end{cases}$$
①を変形して
$$x(x^2 - x - 1) \leqq 0$$
$$x\left(x - \frac{1-\sqrt{5}}{2}\right)\left(x - \frac{1+\sqrt{5}}{2}\right) \leqq 0$$
②に注意すると
$$x \leqq \frac{1-\sqrt{5}}{2}\ \text{または}\ 0 < x \leqq \frac{1+\sqrt{5}}{2}$$

◀ (分母) $\neq 0$ より，$x \neq 0$ であることに注意する。

◀ $\alpha = \dfrac{1-\sqrt{5}}{2}$, $\beta = \dfrac{1+\sqrt{5}}{2}$
とすると $\alpha < 0 < \beta$ であり，$y = x(x-\alpha)(x-\beta)$ $(x \neq 0)$ のグラフは，下図のようになる。

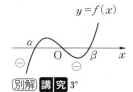

別解 **講 究** 3°

(3) 無理不等式を同値変形する.

$$\sqrt{3-x} < x+1$$

$$\Longleftrightarrow \begin{cases} 3-x < (x+1)^2 \\ 3-x \geqq 0 \\ x+1 \geqq 0 \end{cases}$$

◀ この同値変形が大切.
講 **究** 4°

$$\Longleftrightarrow \begin{cases} x^2+3x-2 > 0 \\ -1 \leqq x \leqq 3 \end{cases}$$

$$\Longleftrightarrow \begin{cases} x < \dfrac{-3-\sqrt{17}}{2} \\ \quad \text{または} \ \dfrac{-3+\sqrt{17}}{2} < x \\ -1 \leqq x \leqq 3 \end{cases}$$

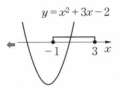

求める解は

$$\dfrac{-3+\sqrt{17}}{2} < x \leqq 3$$

◀ 別解 **講** **究** 5°

講 **究**   1° 条件を満たす x の範囲を求めることを「**不等式を解く**」といい, この範囲を「**不等式の解**」という.

例えば, $(x-\alpha)(x-\beta)(x-\gamma) > 0$ $(\alpha < \beta < \gamma)$ の解は

x	$\cdots$	α	$\cdots$	β	$\cdots$	γ	$\cdots$
$x-\alpha$	$-$	0	$+$	$+$	$+$	$+$	$+$
$x-\beta$	$-$	$-$	$-$	0	$+$	$+$	$+$
$x-\gamma$	$-$	$-$	$-$	$-$	$-$	0	$+$
$f(x)$	$-$	0	$\oplus$	0	$-$	0	$\oplus$

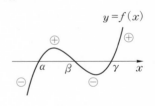

上の符号表あるいはグラフより, 不等式の解は

$\alpha < x < \beta$ または $\gamma < x$

である. 数学Ⅱを学んだ人はグラフを利用する方が理解しやすいだろう.

2° 因数分解するには**因数定理**を用いる.

整式 $f(x)$ について
  (i) $f(x)$ が $x-\alpha$ (α は定数) で割り切れる $\Longleftrightarrow f(\alpha)=0$
  (ii) $f(x)$ が $ax+b$ (a, b は定数, $a \neq 0$) で割り切れる
$$\Longleftrightarrow f\left(-\dfrac{b}{a}\right)=0$$

組み立て除法を複数回用いると本問(1)の因数分解が完結する.

$$
\begin{array}{r|rrr}
1 & 2 & 1 & -5 & 2 \\
  &   & 2 & 3 & -2 \\
\hline
-2 & 2 & 3 & -2 & \boxed{0} \\
  &   & -4 & 2 \\
\hline
  & 2 & -1 & \boxed{0}
\end{array}
$$

$2x^3+x^2-5x+2$
$\Leftarrow\ =(x-1)(2x^2+3x-2)$

$\Leftarrow\ =(x-1)(x+2)(2x-1)$

3° (2)の 別解 を示しておく.

(i)　符号の判定による解法

$$\frac{x^2-1}{x}\leqq 1 \qquad \frac{x^2-1}{x}-1\leqq 0$$

$$\therefore\quad \frac{x^2-x-1}{x}\leqq 0$$

$x^2-x-1=0$ の解 $x=\dfrac{1\pm\sqrt{5}}{2}$ に対し, $\alpha=\dfrac{1-\sqrt{5}}{2}$, $\beta=\dfrac{1+\sqrt{5}}{2}$ とおく

と, 与えられた不等式は

$$\frac{(x-\alpha)(x-\beta)}{x}\leqq 0$$

であり, $x\neq 0$ に注意すると左辺の
符号は右の表となるから, 解は

$$x\leqq\alpha \text{ または } 0<x\leqq\beta$$

すなわち

$$x\leqq\frac{1-\sqrt{5}}{2} \text{ または } 0<x\leqq\frac{1+\sqrt{5}}{2}$$

x	$\cdots$	α	$\cdots$	0	$\cdots$	β	$\cdots$
$x-\alpha$	$-$	0	$+$		$+$	$+$	$+$
x	$-$	$-$	$-$		$+$	$+$	$+$
$x-\beta$	$-$	$-$	$-$		$-$	0	$+$
(左辺)	$-$	0	$+$		$-$	0	$+$

(ii)　グラフによる解法

$y=\dfrac{x^2-x-1}{x}=x-\dfrac{1}{x}-1$ のグラフ(数学

Ⅲ)をかくと, 右図となる. このグラフと x 軸

との交点の x 座標は $x=\dfrac{1\pm\sqrt{5}}{2}$ であるから,

求める解は

$$x\leqq\frac{1-\sqrt{5}}{2} \text{ または } 0<x\leqq\frac{1+\sqrt{5}}{2}$$

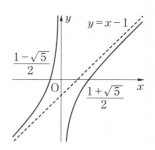

(iii)　分母の符号により場合分けする解法

(ア)　$x>0$ のとき

$$(\text{与式}) \iff x^2-1\leqq x \iff x^2-x-1\leqq 0$$

$x>0$ に注意すると　　$0<x\leqq\dfrac{1+\sqrt{5}}{2}$

(イ) $x<0$ のとき

$$\text{(与式)} \iff x^2-1\geqq x \iff x^2-x-1\geqq0$$

$x<0$ に注意すると $x\leqq\dfrac{1-\sqrt{5}}{2}$

(ア), (イ)より, 求める解は

$$x\leqq\dfrac{1-\sqrt{5}}{2} \text{ または } 0<x\leqq\dfrac{1+\sqrt{5}}{2}$$

4° 無理不等式の同値変形(i), (ii)を確認しておく.

> (i) $\sqrt{f(x)}<g(x) \iff f(x)<\{g(x)\}^2$ かつ $f(x)\geqq0$ かつ $g(x)\geqq0$

$\Longrightarrow$ の証) $\sqrt{f(x)}$ が定義されているから, $f(x)\geqq0$ である.
また, $\sqrt{f(x)}<g(x)$ より, $g(x)>0$ であり, $g(x)\geqq0$ でもある.
さらに, 両辺を2乗すると, $f(x)<\{g(x)\}^2$ である.
$\Longleftarrow$ の証) $f(x)<\{g(x)\}^2$ かつ $f(x)\geqq0$ より

$$\sqrt{f(x)}<\sqrt{\{g(x)\}^2} \quad\therefore\quad \sqrt{f(x)}<|g(x)|$$

$g(x)\geqq0$ より $\sqrt{f(x)}<g(x)$ が成り立つ.

> (ii) $f(x)<\sqrt{g(x)} \iff \begin{cases} f(x)\geqq0 \\ \{f(x)\}^2<g(x) \end{cases}$ または $\begin{cases} f(x)<0 \\ g(x)\geqq0 \end{cases}$

$\Longrightarrow$ の証) $f(x)\geqq0$ のとき, $f(x)<\sqrt{g(x)}$ の両辺を2乗すると
$\{f(x)\}^2<g(x)$ である.
$f(x)<0$ のとき, $\sqrt{g(x)}$ が定義されているから, $g(x)\geqq0$ である.
$\Longleftarrow$ の証) $f(x)\geqq0$ かつ $\{f(x)\}^2<g(x)$ のとき

$$\sqrt{\{f(x)\}^2}<\sqrt{g(x)} \quad\therefore\quad |f(x)|<\sqrt{g(x)} \quad\therefore\quad f(x)<\sqrt{g(x)}$$

$f(x)<0$ かつ $g(x)\geqq0$ のとき, $\sqrt{g(x)}\;(\geqq0)$ は定義され

$$f(x)<\sqrt{g(x)}$$

は成り立つ.
いずれのときも $f(x)<\sqrt{g(x)}$ は成り立つ.

5°　(3)のグラフによる解法も示しておく.

$$y=\sqrt{3-x} \qquad \cdots\cdots ①$$
$$y=x+1 \qquad \cdots\cdots ②$$

①と②のグラフの交点の x 座標は，方程式

$$\sqrt{3-x}=x+1 \qquad \cdots\cdots ③$$

の実数解である．③を2乗すると

$$3-x=(x+1)^2$$
$$x^2+3x-2=0$$
$$x=\frac{-3\pm\sqrt{17}}{2}$$

である． $x=\dfrac{-3-\sqrt{17}}{2}$ は③を満たさない.

　①と②のグラフは右図のようになる.

　不等式の解は①のグラフが②のグラフの下方にある x の値の範囲であるから

$$\frac{-3+\sqrt{17}}{2}<x\leqq3$$

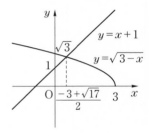

3 　絶対値を含む不等式

2つの不等式

$$|x-a| \leqq 2a+3 \qquad \cdots\cdots ①$$

$$|x-2a| > 4a-4 \qquad \cdots\cdots ②$$

について考える.

(1) 不等式①を満たす実数 x が存在するような定数 a の値の範囲を求めよ.

(2) 不等式①と②を同時に満たす実数 x が存在するような定数 a の値の範囲を求めよ.

(鳴門教大)

精 講　　「不等式を解け」ではなく,「不等式の解が存在するための条件を求めよ」となっています.

◀ この手の言葉に不慣れな人もいることでしょう.

「x が存在する」とは,「x をみつける」ことができるということです.

◀「必要十分条件」を単に「条件」ということが多い.

(1) **絶対値は 0 以上の値**なので

> $|X| \leqq A$ ……（＊） を満たす実数 X が存在する条件は, $A \geqq 0$ である.

◀ 講 究 3°

・ $A < 0$ のとき,（＊）を満たす $|X|$ はみつけることはできない（X は存在しない）.

・ $A = 0$ のとき,（＊）を満たす X は $X=0$ としてみつかる（X は存在する）.

◀「存在する」ことを証明するには,「これがそうですよ」と例を示せばよい.

・ $A > 0$ のとき,（＊）を満たす X は $-A \leqq X \leqq A$ を満たす任意の X としてみつけることができる（X は存在する）.

(2) 定数 A, B に対して絶対値を含む不等式

$$|X| \leqq A, \quad |X| > B \qquad \cdots\cdots （＊＊）$$

の解をそれぞれ求めます.

◀ 講 究 2°

$|X|$ が原点からの距離であることを考えれば, すぐに絶対値を外すことができるでしょう.

あとは, それぞれの解の共通部分が空集合にならない条件を求めればよいですね. 考えにくければ,

共通部分が空集合になる条件を求めて，その否定を　←講究 4°
考えてもよいでしょう．

解　答

(1)　不等式①を満たす実数 x が存在するための定数 a
　　の条件は
$$2a+3 \geqq 0$$
　　　　　←講究 3°
$$\therefore \quad \boldsymbol{a} \geqq -\frac{3}{2}$$

(2)　不等式①を満たす実数 x は
$$a \geqq -\frac{3}{2} \quad \cdots\cdots ③$$
　　　　　←(1)の結果

　　を前提として
$$-(2a+3) \leqq x-a \leqq 2a+3$$
　　　　　←講究 2°(i)
$$\therefore \quad -a-3 \leqq x \leqq 3a+3 \quad \cdots\cdots ①'$$
　　である．不等式②を満たす実数 x は
$$-(x-2a) > 4a-4 \quad \text{または} \quad x-2a > 4a-4$$
　　　　　←講究 2°(iv)
$$\therefore \quad x < -2a+4 \quad \text{または} \quad x > 6a-4 \quad \cdots\cdots ②'$$
　　①′ と②′ を同時に満たす実数 x が存在する条件は
　　　　「① かつ $x < -2a+4$」　 $\cdots\cdots$ (i)
　　または
　　　　「① かつ $x > 6a-4$」　　 $\cdots\cdots$ (ii)

p かつ $(q_1$ または $q_2)$
$\Longleftrightarrow (p$ かつ $q_1)$
または $(p$ かつ $q_2)$

　　を満たす実数 x が存在することである．
　　(i)を満たす実数 x が存在する条件は
$$-a-3 < -2a+4$$
$$\therefore \quad a < 7$$
　　(ii)を満たす実数 x が存在する条件は
$$6a-4 < 3a+3$$
$$\therefore \quad a < \frac{7}{3}$$

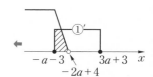

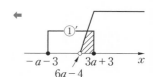

　　(i)または(ii)をまとめると，$a < 7$ であり，
　　③とあわせると，求める a の値の範囲は
$$-\frac{3}{2} \leqq \boldsymbol{a} < 7$$

1° 数直線上で，原点Oと点 P(a) の間の距離を，実数 a の**絶対値**といい，記号 $|a|$ で表す．0 の絶対値は $|0|=0$ である．

$a>0$のとき

O$-|a|-$P
0　　a　　x

$a<0$のとき

P$-|a|-$O
a　　0　　　　　x

実数 a の絶対値については次の性質が成り立つ．

(i) $|a|\geqq 0$

(ii) $|a|=\begin{cases} a & (a\geqq 0 \text{ のとき}) \\ -a & (a<0 \text{ のとき}) \end{cases}=\begin{cases} a & (a\geqq 0 \text{ のとき}) \\ -a & (a\leqq 0 \text{ のとき}) \end{cases}$

教科書では「$a<0$ のとき $|a|=-a$」としているが，$a=0$ のときは

$$-a=-0=0$$

であり，「$a<0$ のとき」を「$a\leqq 0$ のとき」としてもよい．すなわち，$a>0$，$a<0$ のどちらかに $=$ をつけてもよく，両方につけてもよい．場合分けの立場からは1つの値が両方に含まれるのは違和感があるかもしれないが，グラフをかくときは両方に等号を入れておく方がグラフがつながっていることがわかり，グラフがかきやすい．

2° 絶対値を含む不等式

実数 a，b に対して

(i) $|a|\leqq b \iff -b\leqq a\leqq b$

(ii) $|a|<b \iff -b<a<b$

(iii) $|a|\geqq b \iff -a\geqq b$ または $a\geqq b$

(iv) $|a|>b \iff -a>b$ または $a>b$

(i)では，$|a|\leqq b$ から導かれる条件 $b\geqq 0$ を $-b\leqq a\leqq b$ に付加する必要はない．なぜならば，$-b\leqq a\leqq b$ であれば $-b\leqq b$ であり，$b\geqq 0$ が保証されるからである．(ii)も同じである．

(iii)については，$b<0$ のとき，a は任意，$b\geqq 0$ のとき，$-a\geqq b$ または $a\geqq b$ として絶対値をはずすことができるが，$b<0$ のとき，「$-a\geqq b$ または $a\geqq b$」を満たす a は実数全体となるので b の符号による場合分けは必要ない．すなわち，まとめて「$-a\geqq b$ または $a\geqq b$」としてよい．これは右図からもわかるだろう．(iv)も同じである．

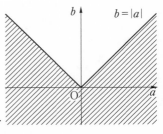

3°　絶対値を含む不等式の解Xの存在条件をまとめておこう.

(ⅰ)　$|X| \leqq A$ を満たす実数Xが存在する $\Longleftrightarrow$ $A \geqq 0$

(ⅱ)　$|X| < A$ を満たす実数Xが存在する $\Longleftrightarrow$ $A > 0$

(ⅲ)　$|X| \geqq A$ を満たす実数Xが存在する $\Longleftrightarrow$ Aは任意の実数

(ⅳ)　$|X| > A$ を満たす実数Xが存在する $\Longleftrightarrow$ Aは任意の実数

(ⅰ)は「$|X|$ は原点からの距離」と考えると

$$|X| \leqq A \Longleftrightarrow -A \leqq X \leqq A$$

であり, これを満たすXが存在する条件は

$$-A \leqq A \qquad \therefore \quad A \geqq 0$$

である. (ⅱ)も同じである.

(ⅲ)は, $A < 0$ のときはXは何でもよく, $A \geqq 0$ のときはXを十分大きく(あるいは小さく)とれば条件を満たすXが存在する. (ⅳ)も同じである.

4°　(2)の 別解

①′ と ②′ を同時に満たす実数xが存在しないaの
条件は

$$\begin{cases} -2a+4 \leqq -a-3 \\ 3a+3 \leqq 6a-4 \end{cases} \Longleftrightarrow \begin{cases} 7 \leqq a \\ \dfrac{7}{3} \leqq a \end{cases}$$

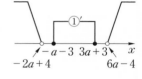

$$\therefore \quad 7 \leqq a$$

否定は $a < 7$ であり, ③とあわせると

$$-\frac{3}{2} \leqq a < 7$$

である.

| **4** | **すべて〜，少なくとも〜** |

区間 $-1 \leqq x \leqq 1$ で2つの関数
$$f(x) = 2x^2 - x, \quad g(x) = x^2 + 3x + a$$
を考える.

(1) すべての x に対して $f(x) > g(x)$ となるような a の値の範囲を求めよ.

(2) 少なくとも1つの x に対して $f(x) > g(x)$ となるような a の値の範囲を求めよ.

(3) すべての x_1, x_2 に対して $f(x_1) > g(x_2)$ となるような a の値の範囲を求めよ.

(4) 少なくとも1つの組 x_1, x_2 に対して $f(x_1) > g(x_2)$ となるような a の値の範囲を求めよ.

(福岡大・改)

精講 「すべての〜」,「少なくとも〜」は数学でよく使う用語です. 慣れておきましょう.

(1) $f(x)$, $g(x)$ には同じ x の値が代入されます. $h(x) = f(x) - g(x)$ として，命題
　「すべての x に対して $h(x) > 0$ である」……（＊）
を考えましょう.

　x に何を代入しても $h(x) > 0$ が成り立つのですから，最小値が存在するならば，最小値 $h(a)$ に対しても $h(a) > 0$ が成り立ちます. 逆に，最小値 $h(a)$ が $h(a) > 0$ ならば，すべての x に対して $h(x) \geqq h(a) > 0$ が成り立ちます. すなわち
　　（＊）$\Longleftrightarrow$（$h(x)$の最小値）> 0
が成り立ちます.

←「$f(x) > g(x)$」を「$f(x) - g(x) > 0$」とすれば，右辺は定数 0 として固定されます.

←$h(x)$ は閉区間 $-1 \leqq x \leqq 1$ で定義された2次関数ですから最小値は存在します. 一般には「**連続関数は閉区間において最大値と最小値をもつ**」ことが知られています. この証明は大学での範囲です.

(2) 「少なくとも1つの x に対して $h(x) > 0$ である」……（＊＊）

　今度は $h(x)$ のできるだけ大きな値，すなわち最大値に着目します. 最大値が存在するならば
　　（＊＊）$\Longleftrightarrow$（$h(x)$の最大値）> 0
が成り立ちます.

←$h(x)$ は閉区間 $-1 \leqq x \leqq 1$ で定義された2次関数ですから最大値は存在します.

(3) x_1, x_2 **は独立に動きます.** まず，どちらか一方を固定しましょう. どちらでもいいのですが，ここ

では x_2 を固定することにします．このとき $g(x_2)$ は定数ですから，「すべての x_1 に対して $f(x_1) > g(x_2)$ が成り立つ」ための条件は

$$\min f(x_1) > g(x_2)$$

です．

← $\min f(x)$ は $f(x)$ の最小値を表す記号です．

　ついで x_2 を動かします．$\min f(x_1)$ は定数ですから，「すべての x_2 に対して $\min f(x_1) > g(x_2)$ が成り立つ」ための条件は

$$\mathbf{\min f(x_1) > \max g(x_2)}$$

です．

← $\max f(x)$ は $f(x)$ の最大値を表す記号です．

(4)　(3)と同様に考えます．

　まず，x_2 を固定すると，$g(x_2)$ は定数ですから，「少なくとも1つの x_1 に対して $f(x_1) > g(x_2)$ が成り立つ」ための条件は

$$\max f(x_1) > g(x_2)$$

です．

　ついで x_2 を動かします．$\max f(x_1)$ は定数ですから，「少なくとも1つの x_2 に対して $\max f(x_1) > g(x_2)$ が成り立つ」ための条件は

$$\mathbf{\max f(x_1) > \min g(x_2)}$$

です．

解　答

$h(x) = f(x) - g(x)$ とおくと

$$h(x) = (2x^2 - x) - (x^2 + 3x + a)$$
$$= x^2 - 4x - a$$
$$= (x-2)^2 - a - 4$$

(1)　x は $-1 \leqq x \leqq 1$ の範囲を動くから

$$\text{すべての } x \text{ に対して } f(x) > g(x) \text{ となる}$$
$$\iff \text{すべての } x \text{ に対して } h(x) > 0 \text{ となる}$$
$$\iff \min_{-1 \leqq x \leqq 1} h(x) > 0$$

$y = h(x)$ の軸は $x = 2$ であることに注意すると，$-1 \leqq x \leqq 1$ における $h(x)$ の最小値は

$$h(1) = -3 - a$$

であり，求める条件は

$$-3 - a > 0 \quad \therefore \ \boldsymbol{a < -3}$$

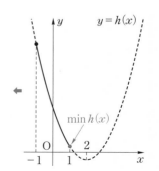

⑵　x は $-1 \leqq x \leqq 1$ の範囲を動くから

　　少なくとも 1 つの x に対して
　　$f(x) > g(x)$ となる

$\iff$ 少なくとも 1 つの x に対して
　　$h(x) > 0$ となる

$\iff$ $\displaystyle \max_{-1 \leqq x \leqq 1} h(x) > 0$

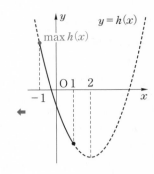

　　$-1 \leqq x \leqq 1$ における $h(x)$ の最大値は
　　$h(-1) = 5 - a$

　　であり，求める条件は
　　$5 - a > 0$　　$\therefore$　$\boldsymbol{a < 5}$

⑶　$f(x) = 2x^2 - x = 2\left(x - \dfrac{1}{4}\right)^2 - \dfrac{1}{8}$

　　$g(x) = x^2 + 3x + a = \left(x + \dfrac{3}{2}\right)^2 + a - \dfrac{9}{4}$

　　x_1, x_2 は独立に $-1 \leqq x \leqq 1$ の範囲を動くから
　　すべての x_1, x_2 に対して
　　$f(x_1) > g(x_2)$ となる

$\iff$ $\displaystyle \min_{-1 \leqq x \leqq 1} f(x) > \max_{-1 \leqq x \leqq 1} g(x)$

$\iff$ $f\left(\dfrac{1}{4}\right) > g(1)$

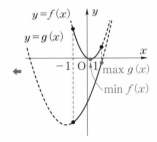

$\iff$ $-\dfrac{1}{8} > 4 + a$

　　$\therefore$　$\boldsymbol{a < -\dfrac{33}{8}}$

⑷　x_1, x_2 は独立に $-1 \leqq x \leqq 1$ の範囲を動くから
　　少なくとも 1 つの組 x_1, x_2 に対して
　　$f(x_1) > g(x_2)$ となる

$\iff$ $\displaystyle \max_{-1 \leqq x \leqq 1} f(x) > \min_{-1 \leqq x \leqq 1} g(x)$

$\iff$ $f(-1) > g(-1)$

$\iff$ $3 > a - 2$

　　$\therefore$　$\boldsymbol{a < 5}$

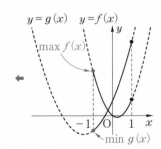

第1章

講|究　　　　**1°　全称記号**
　　　　　X を全体集合とし，X の要素 x を代入して真偽が決まる条件
$p(x)$ を考える.

　　命題「X に属するすべての x に対して $p(x)$ が成り立つ」
　　　　　「X に属する任意の x について $p(x)$ が成り立つ」
は，「すべての〜 (All)」,「任意の〜 (Any)」を表す論理学の記号「$\forall$」を用
いると
　　　　$\forall x \in X, \ \ p(x)$
と表すことができる.

　　X が有限集合 $X = \{x_1, \ x_2, \ \cdots, \ x_n\}$ のときは
　　　$\forall x \in X, \ \ p(x) \Longleftrightarrow p(x_1) \wedge p(x_2) \wedge \cdots \wedge p(x_n)$

　　　　　　　　　　　　　　　（$\wedge$ は「かつ」を意味する）
である.

2°　存在記号
　　命題「X に属する少なくとも 1 つの x に対して $p(x)$ が成り立つ」
　　　　　「X に属するある x について $p(x)$ が成り立つ」
　　　　　「$p(x)$ を満たす x が X に存在する」
は,「〜を満たす x が存在する (Exist)」を表す論理学の記号「$\exists$」を用いて
　　　　$\exists x \in X, \ \ p(x)$
と表すことができる.

　　X が有限集合 $X = \{x_1, \ x_2, \ \cdots, \ x_n\}$ のときは
　　　$\exists x \in X, \ \ p(x) \Longleftrightarrow p(x_1) \vee p(x_2) \vee \cdots \vee p(x_n)$

　　　　　　　　　　　　　　　（$\vee$ は「または」を意味する）
である.

3°　「$\forall$」,「$\exists$」ともに便利な表記法であるが，本書では用いないことにする.

5　連立方程式の基本

(1)　連立方程式

$$\begin{cases} ax+y=1 & \cdots\cdots ① \\ x+ay=1 & \cdots\cdots ② \end{cases}$$

を次のように加減法を用いて解いた．誤りを指摘し，正しい答を求めよ．

┌─ 誤答例 ────────────────────────

①×a−② より　$(a^2-1)x=a-1$　　$\cdots\cdots$ ③

①−②×a より　$(1-a^2)y=1-a$　　$\cdots\cdots$ ④

これより

$$\begin{cases} a\neq\pm1 \text{ のとき} & x=\dfrac{1}{a+1},\ y=\dfrac{1}{a+1} \\ a=1 \text{ のとき} & x,\ y \text{ は任意} \\ a=-1 \text{ のとき} & \text{解なし} \end{cases}$$

└────────────────────────────────

(2)　連立方程式

$$\begin{cases} x^2+y^2=1 & \cdots\cdots ① \\ y=x+1 & \cdots\cdots ② \end{cases}$$

を次のように代入法を用いて解いた．誤りを指摘し，正しい答を求めよ．

┌─ 誤答例 ────────────────────────

②を①に代入すると

　　$x^2+(x+1)^2=1$

　　$2x^2+2x=0$

　　$\therefore\ \ x=0,\ -1$　　$\cdots\cdots$ ③

③を①に代入して

　　$x=0$ のとき　$0^2+y^2=1$　$\therefore\ \ y=\pm1$

　　$x=-1$ のとき　$(-1)^2+y^2=1$　$\therefore\ \ y=0$

以上より　$(x,\ y)=(0,\ \pm1),\ (-1,\ 0)$

└────────────────────────────────

精講　まず，「誤答例」の答が間違っていることを確認しておきましょう．

(1)について：$a=1$ のとき，x, y は任意となっているが，$(x, y)=(1, 1)$ は①（も②も）を満たさない．

　「誤答例」では，$a \neq \pm 1$, $=1$, $=-1$ の場合分けをして③から x を，④から y を導いたのでしょうね．根本的な欠陥はもっと前にあります．

(2)について：$(x, y)=(0, -1)$ は②を満たさない．何が原因でこのような解がでてきたのでしょう．

解　答

(1)　**「①かつ②」と「③かつ④」を同値としているのが誤りである．**

　　正答を示す．

$a(-a)-(-1) \cdot 1 \neq 0$，すなわち $a^2-1 \neq 0$ のとき「①かつ②」と「③かつ④」は同値であるから

$a \neq \pm 1$ のとき

$$x=\frac{1}{a+1}, \quad y=\frac{1}{a+1}$$

$a^2-1=0$ $(a=\pm 1)$ のときは与式の「①かつ②」に戻って議論する．

$a=1$ のとき

$$\begin{cases} 1 \cdot x+y=1 \\ x+1 \cdot y=1 \end{cases} \iff x+y=1$$

$a=-1$ のとき

$$\begin{cases} -1 \cdot x+y=1 \\ x+(-1) \cdot y=1 \end{cases} \iff \begin{cases} x-y=-1 \\ x-y=1 \end{cases}$$

これを満たす x, y は存在しない．

　　以上より，求める解は

$$\begin{cases} a \neq \pm 1 \text{ のとき} \quad x=\frac{1}{a+1}, \quad y=\frac{1}{a+1} \\ a=1 \text{ のとき} \quad (x, y)=(t, 1-t) \\ \qquad\qquad\qquad\qquad t \text{ は任意の値} \\ a=-1 \text{ のとき} \quad \text{解なし} \end{cases}$$

←講究 1°

←この場合「③かつ④」は「①かつ②」の同値変形だが，$a^2-1=0$ のときは同値変形にならない．
よって，場合分けする．

←x, y は無条件に任意というわけではなく，$x+y=1$ を満たす任意の x, y である．

←$-1=1$ となり，不合理である．

(2) 「①かつ②」と「①かつ③」を同値としているの
が誤りである.

　　正答を示す.

　　③以降は「①かつ②」と「②かつ③」は同値である　←**講究** 2°
から，③を②に代入して

　　　$x=0$ のとき　　　$y=0+1=1$

　　　$x=-1$ のとき　　$y=-1+1=0$

以上より，求める解は

　　　$(x,\ y)=(0,\ 1),\ (-1,\ 0)$

講 究　　**1°　加減法の原理**

　　　　　　　　「①かつ②」ならば「③かつ④」であ
るが，逆は成り立たない.

> 「$p\Longrightarrow q$」が真であるとき，
> q は p であるための**必要条件**，
> p は q であるための**十分条件**
> であるという.

　　したがって，③，④それぞれを解いてまとめた
「誤答例」の結果は必要条件であるが，十分条件で
はない.

　　$x,\ y$ についての2式 $f(x,\ y),\ g(x,\ y)$ による連立方程式について次が成
り立つ.

$ad-bc\neq0$ のとき

$$\begin{cases} f(x,\ y)=0 & \cdots\cdots ① \\ g(x,\ y)=0 & \cdots\cdots ② \end{cases} \Longleftrightarrow \begin{cases} af(x,\ y)+bg(x,\ y)=0 & \cdots\cdots ③ \\ cf(x,\ y)+dg(x,\ y)=0 & \cdots\cdots ④ \end{cases}$$

　　「①かつ②」$\Longrightarrow$「③かつ④」は明らかである.

　　逆に，「③かつ④」が成り立つならば，$g(x,\ y),\ f(x,\ y)$ の消去を目指し
て式変形すると

　　　$d\times③-b\times④$ より　$(ad-bc)f(x,\ y)=0$

　　　$c\times③-a\times④$ より　$(bc-ad)g(x,\ y)=0$

$ad-bc\neq0$ より　$f(x,\ y)=0$ かつ $g(x,\ y)=0$

　　　「①かつ②」は成り立つ.

2°　代入法の原理

　　$x,\ y$ についての連立方程式について次が成り立つ.

$$\begin{cases} y=f(x) & \cdots\cdots ① \\ g(x,\ y)=0 & \cdots\cdots ② \end{cases} \Longleftrightarrow \begin{cases} y=f(x) & \cdots\cdots ① \\ g(x,\ f(x))=0 & \cdots\cdots ③ \end{cases}$$

$\Longrightarrow$，$\Longleftarrow$ どちらも問題ないだろう.

　　1文字消去して得られる等式③と与式①，②のどちらと組んで消去した値を求めるかというと，「**代入した①と組め**」ということである．

　　③で得た結果（必要条件）を①，②の両方に代入して十分性を確かめても間違いではないが，①に代入するだけでよいのである．②に代入したのでは余分なものが残る可能性がある．

3°　連立方程式「①かつ②」の解を図形的にみておく．

(1)　連立方程式「①かつ②」の解は2直線の共有点である．

　　　2直線
$$ax+y=1 \ \cdots\cdots ①, \quad x+ay=1 \ \cdots\cdots ②$$
　　がただ1つの共有点をもつ条件は
$$① ⧸\!\!/ ② \iff a:1 \neq 1:a \iff a^2 \neq 1 \iff a \neq \pm 1$$

(i)　$a \neq \pm 1$ のとき　　(ii)　$a=1$ のとき　　(iii)　$a=-1$ のとき

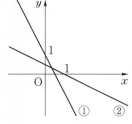 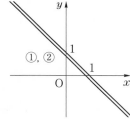 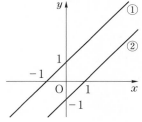

(i)　$a \neq \pm 1$ のとき，ただ1つの共有点 $\left(\dfrac{1}{a+1}, \ \dfrac{1}{a+1}\right)$ をもつ．

(ii)　$a=1$ のとき，2直線は一致し，直線 $x+y=1$ 上の点 $(t, \ 1-t)$ はすべて共有点である．

(iii)　$a=-1$ のとき，2直線は平行であり，共有点をもたない．

(2)　連立方程式「①かつ②」の解は円と直線の
　　　共有点である．

　　　　　円：$x^2+y^2=1$　　　$\cdots\cdots$①
　　　　　直線：$y=x+1$　　　$\cdots\cdots$②

　　　右図より共有点は
$$(x, \ y)=(0, \ 1), \ (-1, \ 0)$$

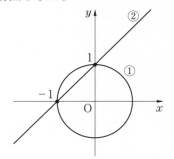

6 　共通解

> 2つの2次方程式 $x^2+px+q=0$, $x^2+qx+p=0$ は共通の解を1つだけ
> もち，一方の方程式のみ重解をもつ．このとき定数 p, q の値を求めよ．
>
> （工学院大）

精 講　　共通解を1つだけもち，一方の方程式の
み重解をもつということは，共通解を α
とすると，2つの方程式は

$$(x-\alpha)^2=0$$
$$(x-\alpha)(x-\beta)=0 \quad (\alpha \neq \beta)$$

← 最高次の係数はどちらも1である．

であることを意味しています．$\alpha \neq \beta$ としたのは，
$\alpha=\beta$ であると，2つの方程式はともに重解 α を共通
解にもつことになり，「一方のみ重解をもつ」という
条件に反します．

　　共通解を α として

$$\begin{cases} \alpha^2+p\alpha+q=0 \\ \alpha^2+q\alpha+p=0 \end{cases}$$

という連立方程式を考えてもよいのですが，**連立方程
式の解は2式の共通解**であり，あえて x を α に書き直
す必要がありません．x についての連立方程式として
処理して構いません．

← **講 究** 1°

　　連立した後は

　　次数下げ

を目標に式変形します．本問では2式の差をとると，
2次の項が消え，高々1次の方程式が得られます．こ
こから先は，得られた式を必要条件として処理するか，
他の式と組んで必要十分条件として処理するかで解法
が分かれます．

← 「高々（たかだか）1次」とは
「1次以下」という意味です．

← **講 究** 2°

解 答

$$x^2+px+q=0 \quad \cdots\cdots ①$$
$$x^2+qx+p=0 \quad \cdots\cdots ②$$

①, ②を連立する. ①−② より

$$(p-q)x+q-p=0$$
$$(p-q)(x-1)=0$$

$\therefore \quad p=q$ または $x=1 \quad \cdots\cdots ③$

← 「**次数下げ**」を目指して変形する.

← ③は「①かつ②」であるための必要条件である.

(i) $p=q$ のとき

①, ②は一致し, 一方の方程式のみ重解をもつという条件に反する.

(ii) $x=1$ のとき

共通解 $x=1$ を①, ② に代入すると, どちらも

$$1+p+q=0 \quad \cdots\cdots ④$$

となる.

← ④ は「①かつ②」であるための必要条件である.

次に, ①, ②の一方のみが重解をもつための条件を考える.

①が重解をもつ $\Longleftrightarrow p^2-4q=0 \quad \cdots\cdots ⑤$

← 重解をもつ $\Longleftrightarrow$ 判別式$=0$

④とあわせると

$$p^2-4(-p-1)=0$$
$$(p+2)^2=0$$

$\therefore \quad p=-2 \quad \therefore \quad q=1$

このとき②は

$$x^2+x-2=0$$
$$(x-1)(x+2)=0$$

であり, 一方のみが重解をもつという条件を満たす.

← この確認を忘れないこと.

次に,

②が重解をもつ $\Longleftrightarrow q^2-4p=0 \quad \cdots\cdots ⑥$

← 重解をもつ $\Longleftrightarrow$ 判別式$=0$

①, ②および⑤, ⑥の p, q の対称性より

$$(p, q)=(1, -2)$$

← 同じ計算は繰り返さない.

も条件を満たす.

以上より

$$(p, q)=(-2, 1) \text{ または } (1, -2)$$

講究 　1° 　定数 k を含む x についての方程式 $f(x,\ k)=0$, $g(x,\ k)=0$ に対して

「$f(x,\ k)=0$, $g(x,\ k)=0$ が共通解をもつような k の値を求めよ …… （＊）」

という問題を考える．共通解とは，$f(x,\ k)=0$, $g(x,\ k)=0$ を同時に満たす x のことであるから，（＊）は

「連立方程式 $\begin{cases} f(x,\ k)=0 \\ g(x,\ k)=0 \end{cases}$ を満たす x が存在するような k の値を求める」

ということである．

2° 　**解答**では，③を「①かつ②」の必要条件として用いたが，

$$f(x)=x^2+px+q$$
$$g(x)=x^2+qx+p$$

とすると，①－②により得られる③と①を組むと

$$\begin{cases} ① \\ ①－② \end{cases} \iff \begin{cases} 1\cdot f(x)+0\cdot g(x)=0 & \cdots\cdots ① \\ 1\cdot f(x)-1\cdot g(x)=0 & \cdots\cdots ③ \end{cases}$$

であり

$$1\cdot(-1)-0\cdot1=-1\neq0$$

であるから

「①かつ②」$\iff$「①かつ③」（∵ 加減法の原理）←**5** の **講究** 1° 参照．

である（「①かつ②」$\iff$「②かつ③」でもある）．

$$\begin{cases} x^2+px+q=0 & \cdots\cdots ① \\ (p-q)(x-1)=0 & \cdots\cdots ③ \end{cases}$$

この変形により，「2 次と 2 次の連立」が「2 次と高々 1 次の連立」に変わった．

　　　　①，②は共通の解を 1 つだけもつ
$\iff$　①，③は共通の解を 1 つだけもつ

また

　　　　①，②は一方の方程式のみ重解をもつ
$\iff$ 　$p^2-4q=0$ …… ⑤, $q^2-4p=0$ …… ⑥ の一方のみが成り立つ

であるから，「①，③は共通の解を 1 つだけもち，⑤，⑥の一方のみが成り立つ」ような p, q を求める．

　③より

$$p=q \text{ または } x=1$$

である．

（i）　$p=q$ のとき

　⑤，⑥は一致するから，不適．

(ii)　$x=1$ のとき

　$x=1$ が共通解であるから，①の解でもある.

$$1+p+q=0　\cdots\cdots ⑦$$

「⑤かつ⑦」より

$$\begin{cases} q=-p-1 \\ p^2-4(-p-1)=0 \end{cases}$$

$$\therefore\quad (p,\ q)=(-2,\ 1)$$

これは⑥を満たさないから，条件を満たす.

「⑥かつ⑦」より

$$\begin{cases} q=-p-1 \\ (-p-1)^2-4p=0 \end{cases}$$

$$\therefore\quad (p,\ q)=(1,\ -2)$$

これは⑤を満たさないから，条件を満たす.

以上より

$$(p,\ q)=(-2,\ 1)\ \text{または}\ (1,\ -2)$$

である.

7 2次方程式の解と係数の関係

> k を実数の定数とする．$x,\ y$ の連立方程式
>
> $\qquad x+y=k,\ xy=k$
>
> が実数解をもつとき，k のとり得る値の範囲を求めよ．
>
> （東京薬大）

精講 与えられた連立方程式を同値変形すると

$$\begin{cases} x+y=k \\ xy=k \end{cases} \iff \begin{cases} y=k-x \\ x(k-x)=k \end{cases}$$

← 代入法の原理

$$\iff \begin{cases} y=k-x & \cdots\cdots ① \\ x^2-kx+k=0 & \cdots\cdots ② \end{cases}$$

となります．①より，x が実数ならば y も実数なので，②が実数解 x をもつための k の条件を求めてもよいのですが，与えられた連立方程式の左辺は $x,\ y$ の**基本対称式**です．2次方程式の解と係数の間では次の関係が成り立ちます．同値であることに注意しましょう．

← **講究** 1°

2次方程式 $ax^2+bx+c=0$ $\cdots\cdots(*)$
において

$\alpha,\ \beta$ は $(*)$ の解である $\iff \begin{cases} \alpha+\beta=-\dfrac{b}{a} \\ \alpha\beta=\dfrac{c}{a} \end{cases}$

← $a \neq 0$ は暗黙の了解．

← **講究** 2°，3°

これを利用しましょう．

解　答

$x,\ y$ は $\begin{cases} x+y=k \\ xy=k \end{cases}$ の解である

$\iff x,\ y$ は $t^2-kt+k=0$ $\cdots\cdots(*)$ の解である

← 連立方程式と2次方程式が同値でつながった!!

$x,\ y$ が実数であるための条件は，$(*)$ の判別式を D とおくと

$\qquad D\geqq 0 \iff k^2-4k\geqq 0$

$\qquad \therefore\ \boldsymbol{k\leqq 0}$ **または** $\boldsymbol{4\leqq k}$

1° どの 2 文字を入れ替えても変わらない多項式を**対称式**といい，解と係数の関係で現れる対称式を**基本対称式**という．

すなわち

2 文字 α, β の基本対称式は，$\alpha+\beta$, $\alpha\beta$

3 文字 α, β, γ の基本対称式は，$\alpha+\beta+\gamma$, $\alpha\beta+\beta\gamma+\gamma\alpha$, $\alpha\beta\gamma$

である．

2° 教科書では次のように証明している．

$\Longrightarrow$ の証明）2 次方程式 $ax^2+bx+c=0$ の解は

$$x=\frac{-b\pm\sqrt{D}}{2a} \quad (D=b^2-4ac)$$

であるから，この 2 解を α, β とすると

$$\alpha+\beta=\frac{-b-\sqrt{D}}{2a}+\frac{-b+\sqrt{D}}{2a}=-\frac{b}{a}$$

$$\alpha\beta=\frac{-b-\sqrt{D}}{2a}\cdot\frac{-b+\sqrt{D}}{2a}=\frac{b^2-(b^2-4ac)}{4a^2}=\frac{c}{a}$$

$\Longleftarrow$ の証明）$b=-a(\alpha+\beta)$, $c=a\alpha\beta$ であるから

$$ax^2+bx+c=ax^2-a(\alpha+\beta)x+a\alpha\beta$$
$$=a(x-\alpha)(x-\beta)$$

であり，α, β は 2 次方程式 $ax^2+bx+c=0$ の解である．

3° 2° の証明では，解を求めて解と係数の関係を導いているが，これでは発展性がない．解の公式を使わずに同値であることを証明しておく．

2 次方程式 $ax^2+bx+c=0$ ……（＊）について $\leftarrow a\neq0$ は暗黙の了解.

α, β は（＊）の解である

$\Longleftrightarrow ax^2+bx+c=a(x-\alpha)(x-\beta)$ $\leftarrow$ 因数定理

$\Longleftrightarrow ax^2+bx+c=a\{x^2-(\alpha+\beta)x+\alpha\beta\}$

これは x についての恒等式であるから

$$\begin{cases} b=-a(\alpha+\beta) \\ c=a\cdot\alpha\beta \end{cases}$$ $\leftarrow$ 恒等式による係数比較

すなわち

$$\begin{cases} \alpha+\beta=-\dfrac{b}{a} \\ \alpha\beta=\dfrac{c}{a} \end{cases}$$ $\leftarrow a\neq0$

であることと同値である．

この証明法なら 3 次以上の方程式であっても解と係数の関係を導くことができる !! $\leftarrow$ **8** の **精講**

8　3次方程式の解と係数の関係

3次方程式 $x^3+ax^2+bx+c=0$ の3つの解を α, β, γ とする.

(1) $\alpha+\beta+\gamma=-a$, $\alpha\beta+\beta\gamma+\gamma\alpha=b$, $\alpha\beta\gamma=-c$ が成り立つことを示せ.

(2) $\alpha+\beta+\gamma=1$, $\alpha^2+\beta^2+\gamma^2=3$, $\alpha^3+\beta^3+\gamma^3=7$ のとき, $\alpha^4+\beta^4+\gamma^4$ の値を求めよ.

(東京学芸大)

精講　(1) 最高次の係数が1である3次方程式の解と係数の関係を導け, という問題です.

　3次方程式の解の公式は高校の範囲では扱いません. 解 α, β, γ を求めて, 足したり掛けたりするという方針は捨てて, 前問 **7** の **講究** 3° の証明を真似ましょう.

　(1)の設問は $\Longrightarrow$ の証明のみを求めていますが, これは同値な関係です.

← カルダノの公式(少々複雑)とよばれているものがありますが, これは大学での範囲です.

(2) 登場する式はすべて対称式です.「**対称式は基本対称式で表すことができる**」という定理があります. 条件となっている3つの対称式から**基本対称式**

$$\alpha+\beta+\gamma, \quad \alpha\beta+\beta\gamma+\gamma\alpha, \quad \alpha\beta\gamma$$

の値を求めて, (1)の利用を考えましょう.

← **講究** 3° 対称式の基本定理

← 3文字の基本対称式

> 3次方程式 $x^3+ax^2+bx+c=0$ ……（＊）において
>
> α, β, γ は（＊）の3つの解である
>
> $\Longleftrightarrow$ $\begin{cases} \alpha+\beta+\gamma=-a \\ \alpha\beta+\beta\gamma+\gamma\alpha=b \\ \alpha\beta\gamma=-c \end{cases}$

←「3つの解」は重解も含んでいます.

　α, β, γ が解となる3次方程式がわかれば, 対称式 $\alpha^4+\beta^4+\gamma^4$ を基本対称式で表す必要はありません. $\alpha^4+\beta^4+\gamma^4$ と既知の値 $\alpha+\beta+\gamma$, $\alpha^2+\beta^2+\gamma^2$, $\alpha^3+\beta^3+\gamma^3$ との関係を探りましょう.

解　答

(1)　α, β, γ は 3 次方程式 $x^3+ax^2+bx+c=0$ の 3
つの解であるから，因数定理により
$$x^3+ax^2+bx+c=(x-\alpha)(x-\beta)(x-\gamma)$$
と表される．右辺を展開すると
$$x^3+ax^2+bx+c$$
$$=x^3-(\alpha+\beta+\gamma)x^2+(\alpha\beta+\beta\gamma+\gamma\alpha)x-\alpha\beta\gamma$$
これは x についての恒等式であるから，両辺の係数
を比べて
$$\begin{cases} a=-(\alpha+\beta+\gamma) \\ b=\alpha\beta+\beta\gamma+\gamma\alpha \\ c=-\alpha\beta\gamma \end{cases}$$
$$\therefore \begin{cases} \alpha+\beta+\gamma=-a \\ \alpha\beta+\beta\gamma+\gamma\alpha=b \\ \alpha\beta\gamma=-c \end{cases}$$
が成り立つ．

← 多項式 $f(x)$ について
α が $f(x)=0$ の解である
$\Longleftrightarrow$ $f(\alpha)=0$
$\Longleftrightarrow$ $f(x)$ は $x-\alpha$
　　を因数にもつ

← x について
px^3+qx^2+rx+s
$=p'x^3+q'x^2+r'x+s'$
が恒等式である
$\Longleftrightarrow \begin{cases} p=p' \\ q=q' \\ r=r' \\ s=s' \end{cases}$

← 必要十分な条件である．

(2)　
$$\alpha+\beta+\gamma=1 \qquad \cdots\cdots ①$$
$$\alpha^2+\beta^2+\gamma^2=3 \qquad \cdots\cdots ②$$
$$\alpha^3+\beta^3+\gamma^3=7 \qquad \cdots\cdots ③$$
まず，基本対称式の値を求める．
$$(\alpha+\beta+\gamma)^2=\alpha^2+\beta^2+\gamma^2+2(\alpha\beta+\beta\gamma+\gamma\alpha)$$
に①，②を代入すると
$$1^2=3+2(\alpha\beta+\beta\gamma+\gamma\alpha)$$
$$\therefore \quad \alpha\beta+\beta\gamma+\gamma\alpha=-1 \qquad \cdots\cdots ④$$
また，
$$\alpha^3+\beta^3+\gamma^3-3\alpha\beta\gamma$$
$$=(\alpha+\beta+\gamma)\{\alpha^2+\beta^2+\gamma^2-(\alpha\beta+\beta\gamma+\gamma\alpha)\}$$
に①，②，③，④を代入すると
$$7-3\alpha\beta\gamma=1\cdot(3+1)$$
$$\therefore \quad \alpha\beta\gamma=1 \qquad \cdots\cdots ⑤$$
①，④，⑤より，α, β, γ は 3 次方程式
$$x^3-x^2-x-1=0$$
の解であり，α, β, γ はいずれも
$$x^3=x^2+x+1$$
$$\therefore \quad x^4=x^3+x^2+x$$
を満たす．

← $\alpha+\beta+\gamma$ (既知)，
$\alpha\beta+\beta\gamma+\gamma\alpha$，
$\alpha\beta\gamma$
の値を求める．

← **講 究** 2°

← (1)を満たす α, β, γ は
$x^2+ax^2+bx+c=0$ の 解で
ある．

← 上式の両辺に x を掛けた．

$$\alpha^4=\alpha^3+\alpha^2+\alpha$$
$$\beta^4=\beta^3+\beta^2+\beta$$
$$\gamma^4=\gamma^3+\gamma^2+\gamma$$

3式を加えて

$$\alpha^4+\beta^4+\gamma^4$$
$$=(\alpha^3+\beta^3+\gamma^3)+(\alpha^2+\beta^2+\gamma^2)+(\alpha+\beta+\gamma)$$
$$=7+3+1$$
$$=11$$

← 求める値を基本対称式ではなく，与えられた条件式で表すことができた.

講究 　**1°　一般の3次方程式の解と係数の関係**

3次方程式 $ax^3+bx^2+cx+d=0$ ……(＊) において

$\alpha,\ \beta,\ \gamma$ は(＊)の解である $\Longleftrightarrow$ $\begin{cases} \alpha+\beta+\gamma=-\dfrac{b}{a} \\[2mm] \alpha\beta+\beta\gamma+\gamma\alpha=\dfrac{c}{a} \\[2mm] \alpha\beta\gamma=-\dfrac{d}{a} \end{cases}$

2°　次の因数分解の公式を確認しておく.

$$\alpha^3+\beta^3+\gamma^3-3\alpha\beta\gamma=(\alpha+\beta+\gamma)(\alpha^2+\beta^2+\gamma^2-\alpha\beta-\beta\gamma-\gamma\alpha)$$

右辺を展開して左辺と一致することも1つの証明法だが，ここでは左辺を変形して右辺となることを示す.

（証明1）　3乗に関する展開・因数分解の公式を巧妙に使いながら式変形する.

$$\alpha^3+\beta^3+\gamma^3-3\alpha\beta\gamma$$
$$=(\alpha+\beta)^3-3\alpha\beta(\alpha+\beta)+\gamma^3-3\alpha\beta\gamma$$
$$=(\alpha+\beta)^3+\gamma^3-3\alpha\beta(\alpha+\beta)-3\alpha\beta\gamma$$
$$=\{(\alpha+\beta)+\gamma\}\{(\alpha+\beta)^2-(\alpha+\beta)\gamma+\gamma^2\}$$
$$\qquad\qquad\qquad -3\alpha\beta(\alpha+\beta+\gamma)$$
$$=(\alpha+\beta+\gamma)(\alpha^2+\beta^2+\gamma^2-\alpha\beta-\beta\gamma-\gamma\alpha)$$

$\displaystyle\int (X+Y)^3=X^3+3X^2Y+3XY^2+Y^3$ を X^3+Y^3 $=(X+Y)^3-3X^2Y-3XY^2$ と変形した.

← $X^3+Y^3=(X+Y)(X^2-XY+Y^2)$ を用いた.

（証明2）　1つの文字について整理し，因数定理を用いる.

$$\alpha^3+\beta^3+\gamma^3-3\alpha\beta\gamma$$
$$=\alpha^3-3\beta\gamma\cdot\alpha+\beta^3+\gamma^3$$
$$=\alpha^3-3\beta\gamma\cdot\alpha+(\beta+\gamma)(\beta^2-\beta\gamma+\gamma^2)$$

ここで

← α についての3次式 $f(\alpha)$ とみる.

$$\begin{array}{r|cccc}
\underline{-\beta-\gamma} & 1 & 0 & -3\beta\gamma & (\beta+\gamma)(\beta^2-\beta\gamma+\gamma^2) \\
& & -\beta-\gamma & (\beta+\gamma)^2 & -(\beta+\gamma)(\beta^2-\beta\gamma+\gamma^2) \\
\hline
& 1 & -\beta-\gamma & \beta^2-\beta\gamma+\gamma^2 & 0
\end{array}$$

であるから

$$\alpha^3+\beta^3+\gamma^3-3\alpha\beta\gamma$$
$$=(\alpha+\beta+\gamma)\{\alpha^2-(\beta+\gamma)\alpha+\beta^2-\beta\gamma+\gamma^2\}$$
$$=(\alpha+\beta+\gamma)(\alpha^2+\beta^2+\gamma^2-\alpha\beta-\beta\gamma-\gamma\alpha)$$

← $f(-\beta-\gamma)=0$ より因数定理を用いる．すなわち，$\alpha+\beta+\gamma$ による割り算を組み立て除法で実行した．

3°　対称式の基本定理として次の事実は頭に入れておくとよい．

> 任意の対称式は基本対称式で表すことができる．

　ここでは，2文字 x, y の対称式 $f(x, y)$ について証明しておく．

　$f(x, y)$ が項 px^ly^m（p は定数，l, m は正の整数）を含んでいるならば，$f(x, y)$ は項 px^my^l も含んでおり（∵ $f(x, y)$ は対称式），$f(x, y)$ は $p(x^ly^m+x^my^l)$ という形の式の和として表される．

　したがって，$x^ly^m+x^my^l$ が基本対称式で表されることを示せばよい．

　$l\leqq m$ としてよいから

$$x^ly^m+x^my^l=(xy)^l(x^{m-l}+y^{m-l})$$

であり，$x^{m-l}+y^{m-l}$ が基本対称式で表されることを示せばよい．

　x^n+y^n が基本対称式で表されることを数学的帰納法で示す．

(i)　$n=1, 2$ のとき

　　$x+y$, $x^2+y^2=(x+y)^2-2xy$ であり，$n=1, 2$ のときは成立する．

(ii)　$n=k$, $k+1$ での成立を仮定すると

　　$x^{k+2}+y^{k+2}=(x+y)(x^{k+1}+y^{k+1})-xy(x^k+y^k)$

　　であるから，$n=k+2$ のときも成立する．

(i), (ii)より，x^n+y^n が基本対称式で表されることが示された．

　以上により，2文字の対称式の基本定理は示された．

9　対称式・交代式

実数 x, y に関する連立方程式

$$\begin{cases} x^3+3y=4 \\ 3x+y^3=4 \end{cases} \quad \cdots\cdots \ (*)$$

について，次の各問いに答えよ．

(1) (x, y) が連立方程式 $(*)$ の解であるとき，$x^3+y^3+3x+3y$ の値および $x^3-y^3-3x+3y$ の値を求めよ．

(2) 連立方程式 $(*)$ の解 (x, y) で $x=y$ となるものをすべて求めよ．

(3) 連立方程式 $(*)$ の解 (x, y) で $x \neq y$ となるものに対して

$$X=x+y, \quad Y=xy$$

とおく．このとき X, Y の値を求めよ．

(4) 連立方程式 $(*)$ の解 (x, y) は全部でいくつあるか．

（高知工科大）

精｜講　与えられた $(*)$ は x, y を入れ替えても連立方程式のセットとしては変わりがな　　←式の形の特徴をとらえる．
いという美しい性質があります．

(1) $(*)$ の2式を「**足したり，引いたり**」しなさいという誘導です．これにより**対称式，交代式**が得られ，　←**講｜究** 1°
$(*)$ は扱いやすい連立方程式になります．

(2) x, y の交代式は必ず $x-y$ という因数をもちます．したがって，(2)では $x=y$，(3)では $x \neq y$ と場合分けをして連立方程式 $(*)$ の解を調べようとしているわけです．　←因数分解するときの大切な性質です．**講｜究** 1°

(3) 「対称式は基本対称式で表される」がもとになった誘導であり，$X=x+y$, $Y=xy$ の置き換えは必然です．　←X, Y がわかれば，x, y を求めることができます．

(4) 解の組 (x, y) を求めることはできますが，式の形が汚いので，解の個数を求める問題にとどめています．　←出題者の配慮ですね．

解　答

(1)
$$x^3+3y=4 \qquad \cdots\cdots ①$$
$$3x+y^3=4 \qquad \cdots\cdots ②$$

とする．①＋② より
$$x^3+y^3+3x+3y=8 \qquad \cdots\cdots ③$$

← $x,\ y$ の対称式

また，①－② より
$$x^3-y^3-3x+3y=0 \qquad \cdots\cdots ④$$

← $x,\ y$ の交代式

(2)　　　（＊）
$$\Longleftrightarrow 「①かつ②」$$
$$\Longleftrightarrow 「③かつ④」$$

← 加減法の原理
$(\because\ 1\cdot(-1)-1\cdot1=-2\neq0)$

$$\Longleftrightarrow \begin{cases} (x+y)(x^2-xy+y^2+3)=8 & \cdots\cdots ③' \\ (x-y)(x^2+xy+y^2-3)=0 & \cdots\cdots ④' \end{cases}$$

← 交代式は $x-y$ を因数にもつ．

である．

　$x=y\ \cdots\cdots⑤$ のとき，④′ はつねに成り立つ．

← 「⑤かつ③′ かつ④′」
$\Longleftrightarrow$「⑤かつ③′」
$\Longleftrightarrow$「⑤かつ⑥」
$(\because\ 代入法の原理)$

　⑤のとき③′ は
$$2x(x^2+3)=8$$
$$x^3+3x-4=0$$
$$\therefore\ (x-1)(x^2+x+4)=0 \ \cdots\cdots ⑥$$

ここで，$x^2+x+4=\left(x+\dfrac{1}{2}\right)^2+\dfrac{15}{4}>0$ であるから，

← (判別式)<0 を示して，$x^2+x+4=0$ が実数解をもたないことを示してもよい．

⑥の実数解は $x=1$ である．

⑤とあわせると，（＊）の解 $(x,\ y)$ で $x=y$ となるものは
$$(\boldsymbol{x},\ \boldsymbol{y})=(\boldsymbol{1},\ \boldsymbol{1})$$

(3)　「③′ かつ④′ かつ $x\neq y$」を満たす実数 $x,\ y$ に対応する
$$X=x+y,\ Y=xy\ \cdots\cdots ⑦$$
を求める．⑦を代入すると
$$③' \Longleftrightarrow (x+y)\{(x+y)^2-3xy+3\}=8$$
$$\Longleftrightarrow X^3-3XY+3X=8 \qquad \cdots\cdots ⑧$$
$$④' \Longleftrightarrow (x-y)\{(x+y)^2-xy-3\}=0$$
$$\Longleftrightarrow (x-y)(X^2-Y-3)=0$$
$$\Longleftrightarrow X^2-Y-3=0\ (\because\ x\neq y)$$
$$\Longleftrightarrow Y=X^2-3 \qquad \cdots\cdots ⑨$$

また，⑦より $x,\ y$ は 2 次方程式
$$t^2-Xt+Y=0$$
の解であり，$x,\ y$ は異なる 2 つの実数であるから

(判別式)$>0 \iff X^2-4Y>0$ 　　　……⑩　　　←この条件を忘れないこと!!

したがって,「⑧かつ⑨かつ⑩」を満たす実数 X, Y を求めればよい.

⑧に⑨を代入すると　　　　　　　　　　←Yを消去する.

$$X^3-3X(X^2-3)+3X=8$$
$$X^3-6X+4=0$$
$$(X-2)(X^2+2X-2)=0$$
$$\therefore \quad X=2 \text{ または } -1\pm\sqrt{3} \qquad ……⑪$$

⑩に⑨を代入すると　　　　　　　　　　←Yを消去する.

$$X^2-4(X^2-3)>0$$
$$X^2-4<0$$
$$\therefore \quad -2<X<2 \qquad ……⑫$$

⑪かつ⑫より

$$X=\sqrt{3}-1$$

←「⑧かつ⑨かつ⑩」を満たす実数 X を求めた.

このとき, ⑨より

$$Y=(\sqrt{3}-1)^2-3=1-2\sqrt{3}$$
$$\therefore \quad \boldsymbol{(X, Y)=(\sqrt{3}-1, 1-2\sqrt{3})}$$

(4)　$x=y$ のとき,(2)より解は $(x, y)=(1, 1)$ の1個である.　　　　　　　　　　←(2)を満たす (x, y) の個数は1.

　　$x\neq y$ のとき,(3)で求めた1つの実数の組 $(X, Y)=(\sqrt{3}-1, 1-2\sqrt{3})$ に対して,2つの異なる実数の組 (x, y) が存在する.　　←(3)を満たす (x, y) の個数は2.

　　よって,(＊)の解 (x, y) の個数は

$$1+2=3$$

である.

講究　　1°　**対称式・交代式**

　　　　　x, y の多項式において,x, y を入れ替えても変わらない式を対称式といったが,x, y を入れ替えたとき符号が変わる式を**交代式**という. すなわち

$$F(x, y) \text{ が対称式} \iff F(y, x)=F(x, y)$$
$$G(x, y) \text{ が交代式} \iff G(y, x)=-G(x, y) \qquad ……⑦$$

である. 交代式 $G(x, y)$ において $x=y$ を代入すると,⑦は

$$G(y, y)=-G(y, y)$$
$$\therefore \quad G(y, y)=0$$

←$G(\boldsymbol{x}, y)$ を x の関数とみる.

　　因数定理より $G(x, y)$ は $\boldsymbol{x-y}$ **を因数にもつ**.

2°　本問のように x, y を入れ替えると互いに他方の式になる連立方程式，すなわち

$$(*)\begin{cases} f(x,\ y)=0 \\ g(x,\ y)=0 \end{cases}\quad \text{ただし，}\ f(y,\ x)=g(x,\ y),\ g(y,\ x)=f(x,\ y)$$

においては

$$F(x,\ y)=f(x,\ y)+g(x,\ y),\ G(x,\ y)=f(x,\ y)-g(x,\ y)$$

とおくと

$$F(y,\ x)=f(y,\ x)+g(y,\ x)=g(x,\ y)+f(x,\ y)=F(x,\ y)$$
$$G(y,\ x)=f(y,\ x)-g(y,\ x)=g(x,\ y)-f(x,\ y)=-G(x,\ y)$$

よって，連立方程式 $(*)$ は**足したり，引いたり**すると**対称式と交代式**の連立方程式として**同値変形**されるのである.

3°　連立方程式「①かつ②」の解 $(x,\ y)$ は
2 曲線①，②の共有点であり，x, y を入れ替えると互いに他方の式になるということは，2 曲線は直線 $y=x$ に関して対称ということである. 参考までに 2 曲線を図示すると右図となる.

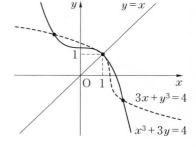

　図を描いて納得するのではなく，本問での代数的な**同値変形の醍醐味**を味わってもらいたい.

10　2次方程式の解の配置（正・負の解）

　x についての2次方程式 $x^2-2px+2p+1=0$ が次のような異なる2つの実数解をもつとき，定数 p の値の範囲を求めよ．ただし，p は実数とする．

(1)　2つの解がともに正

(2)　2つの解がともに負

(3)　1つの解が正，他の解が負

(富山県大)

精講　実数係数の2次方程式の解の配置を調べるには

　・解と係数の関係の利用
　・グラフの利用

の2つの方法があります．

(i)　**2つの解 α，β が実数であるとき**

　　α，β が同符号 $\Longleftrightarrow$ $\alpha\beta>0$
　　α，β が異符号 $\Longleftrightarrow$ $\alpha\beta<0$

であり，α，β が同符号のときをさらに分類すると

$$\begin{cases} \alpha>0 \\ \beta>0 \end{cases} \Longleftrightarrow \begin{cases} \alpha+\beta>0 \\ \alpha\beta>0 \end{cases}$$

$$\begin{cases} \alpha<0 \\ \beta<0 \end{cases} \Longleftrightarrow \begin{cases} \alpha+\beta<0 \\ \alpha\beta>0 \end{cases}$$

← $\alpha\beta<0$ が成り立つならば，異なる2実数解をもつことが証明されます．**講究** 1°

← 基本対称式が現れたので，解と係数の関係を利用することができます．

です．ここでの話は α，β が実数であることが前提になっています．$\alpha+\beta$，$\alpha\beta$ が実数であっても α，β が虚数であることがあります．注意してください．まずは α，β が実数である条件をおさえておくことが大切です．

← 例えば，$\alpha=1+i$，$\beta=1-i$ のとき
$\alpha+\beta=2>0$，
$\alpha\beta=1+1=2>0$

← 本問では（判別式）>0
問題によっては（判別式）$\geqq0$

(ii)　**グラフを利用する方法**もあります．このときは

$$\begin{cases} 実数解条件（頂点の y 座標の符号） \\ 対称軸の位置 \\ 端点の符号 \end{cases}$$

に着目します．

← 方程式 $f(x)=0$ の判別式を考えてもよい．

第
1
章

解　答

解答1　$x^2-2px+2p+1=0$ の判別式を D, 2つの
解を α, β とおく.

$$\frac{D}{4}=p^2-(2p+1)=p^2-2p-1$$

異なる2つの実数解をもつ条件は

$$D>0$$
$$\Longleftrightarrow p<1-\sqrt{2} \ \text{または} \ 1+\sqrt{2}<p \ \cdots\cdots ①$$

であり, 解と係数の関係より

$$\alpha+\beta=2p, \ \alpha\beta=2p+1$$

である.

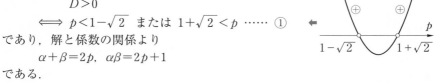

(1)　　　異なる2つの解がともに正

$$\Longleftrightarrow \text{「①かつ } \alpha+\beta>0 \text{ かつ } \alpha\beta>0 \text{」}$$

← 実数解条件の①を忘れない.

$$\Longleftrightarrow \begin{cases} p<1-\sqrt{2} \ \text{または} \ 1+\sqrt{2}<p \\ 2p>0 \\ 2p+1>0 \end{cases}$$

$$\therefore \ \ 1+\sqrt{2}<p$$

(2)　　　異なる2つの解がともに負

$$\Longleftrightarrow \text{「①かつ } \alpha+\beta<0 \text{ かつ } \alpha\beta>0 \text{」}$$

← 実数解条件の①を忘れない.

$$\Longleftrightarrow \begin{cases} p<1-\sqrt{2} \ \text{または} \ 1+\sqrt{2}<p \\ 2p<0 \\ 2p+1>0 \end{cases}$$

$$\therefore \ \ -\frac{1}{2}<p<1-\sqrt{2}$$

(3)　　　1つの解が正, 他の解が負

$$\Longleftrightarrow \alpha\beta<0$$
$$\Longleftrightarrow 2p+1<0$$
$$\therefore \ \ p<-\frac{1}{2}$$

← $\alpha\beta<0$ によって α, β が実数
であることが確認できる.
講 **究** $1°$

解答2 $f(x)=x^2-2px+2p+1$ とおく．2次方程式 $f(x)=0$ の異なる2つの実数解 α, β は $y=f(x)$ のグラフと x 軸との2つの交点の x 座標である．

$$f(x)=(x-p)^2-p^2+2p+1$$

より，$y=f(x)$ のグラフが x 軸と2点で交わる条件は

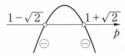

頂点の y 座標：$f(p)=-p^2+2p+1<0$

$$\therefore\quad p<1-\sqrt{2} \text{ または } 1+\sqrt{2}<p \quad \cdots\cdots ①'$$

← 判別式 >0 を解いてもよい．

である．

また，$y=f(x)$ の対称軸の方程式は

$$x=p$$

解が存在する範囲の端点の関数値 $f(0)$ は

$$f(0)=2p+1$$

である．

(1) 　　異なる2つの解がともに正

$\iff$ 「①' かつ（対称軸の位置）>0

　　　　　かつ $f(0)>0$」

$\iff \begin{cases} p<1-\sqrt{2} \text{ または } 1+\sqrt{2}<p \\ p>0 \\ 2p+1>0 \end{cases}$

$\therefore\quad \boldsymbol{1+\sqrt{2}<p}$

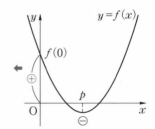

(2) 　　異なる2つの解がともに負

$\iff$ 「①' かつ（対称軸の位置）<0

　　　　　かつ $f(0)>0$」

$\iff \begin{cases} p<1-\sqrt{2} \text{ または } 1+\sqrt{2}<p \\ p<0 \\ 2p+1>0 \end{cases}$

$\therefore\quad -\dfrac{1}{2}<p<1-\sqrt{2}$

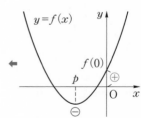

(3) 　　1つの解が正，他の解が負

$\iff f(0)<0$

$\iff 2p+1<0$

$\therefore\quad \boldsymbol{p<-\dfrac{1}{2}}$

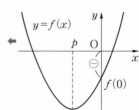

講究　　1°　**解答 1** の(3)について，もう少し触れておく.

　　　　まず，**$\alpha\beta<0$ のときは $D\geqq0$ という条件は不要である.**

　実数を係数とする 2 次方程式 $ax^2+bx+c=0$ において，2 解を α, β とすると

$$\alpha\beta<0 \iff \frac{c}{a}<0 \iff ac<0 \quad (\because \quad a\neq0) \qquad \Longleftarrow a, \ c \text{は異符号}$$

であるから，判別式 D は

$$D=b^2-4ac\geqq-4ac>0$$

であり，解は異なる 2 つの実数解であることが証明されるのである.

　また，2 解の和 $\alpha+\beta$ については正，0，負いずれの値でも構わない（$\alpha+\beta$ の符号は任意である）.

　結局 $\alpha\beta<0$ が求める条件である.

2°　**解答 2** の(3)をグラフを利用して解くときも同様である.

　2 次関数 $f(x)=ax^2+bx+c$ において $a>0$ とすると，$y=f(x)$ のグラフは下に凸かつ $\lim_{x\to\pm\infty}f(x)=\infty$ であるから，$f(0)<0$ であれば $y=f(x)$ のグラフは y 軸（$x=0$）の両側で x 軸と必ず 1 点ずつ交点をもつ.

　したがって，実数解条件としての「頂点の y 座標 <0」をおさえる必要はない.

　また，対称軸は y 軸に関してどちら側にあっても構わない（y 軸と一致してもよい）. 結局 $f(0)<0$ が求める条件である.

11　2次方程式の解の配置（一般の解）

$a,\ b$ を実数とする．x についての2次方程式 $x^2+ax+b=0$ が $x>1$ の範囲に少なくとも1つ解をもつための $a,\ b$ の条件を求め，この条件を満たす点 $(a,\ b)$ を ab 平面に図示せよ．

精講　$x^2+ax+b=0$ の2解（重解も含む）を α，β としましょう．

　解の状態を考えると，1つの解は $x>1$ を満たすか　　←解答1
らこれを α としてよく，他の解 β が与えられた範囲に
あるか否かで分類すると，次の2つに場合分けされま
す．

　　(a)　$\alpha>1$ かつ $\beta>1$
　　(b)　$\alpha>1$ かつ $\beta\leqq1$

(a)に対し，解と係数の関係を考えて

　　(a) $\Longleftrightarrow$ $\begin{cases}（判別式）\geqq0 \\ \alpha+\beta>2 \\ \alpha\beta>1\end{cases}$　　←これは**必要条件**にすぎない．
　　　　　　　　　　　　　　　　　　　　講究 1°

としてはいけません．

　また，(b)の $\beta\leqq1$ に対しては

　　$\beta=1$，$\beta<1$ の場合分け　　←**講究** 2°

が必要で，少々面倒です．これを**解答1**とします．

　別解として，グラフの利用を考えると

　　・**対称軸の位置で場合分けする**　　←解答2
　　・**端点 $f(1)$ の符号で場合分けする**　　←**講究** 3°

という2つの解法があります．

　また，「少なくとも〜」という条件より，

　　・**否定命題の補集合が求める領域である**　　←**講究** 4°

という解法もあります．

　何を基準に場合分けしているのかを明確にすること
が大切です．

━━━━━━━━━━━━━━ **解　答** ━━━━━━━━━━━━━━

解答1　$f(x)=x^2+ax+b=\left(x+\dfrac{a}{2}\right)^2-\dfrac{a^2}{4}+b$ とし，

2次方程式 $f(x)=0$ の解を $\alpha,\ \beta$ とする.

「$f(x)=0$ が $x>1$ の範囲に少なくとも1つ解をもつ」ための条件は

  （ⅰ）　$\alpha>1$ かつ $\beta>1$
  （ⅱ）　$\alpha>1$ かつ $\beta=1$
  （ⅲ）　$\alpha>1$ かつ $\beta<1$

のいずれかが成り立つことである.

（ⅰ）の条件は

$$
\begin{cases}
\text{頂点の } y \text{ 座標}: f\left(-\dfrac{a}{2}\right)=-\dfrac{a^2}{4}+b\leqq 0 \\[2mm]
\text{対称軸}: -\dfrac{a}{2}>1 \\[2mm]
\text{端点の符号}: f(1)>0
\end{cases}
$$

← 重解も含む.

$$
\iff
\begin{cases}
b\leqq\dfrac{a^2}{4} \\[2mm]
a<-2 \\[1mm]
b>-a-1
\end{cases}
\quad\cdots\cdots \ ①
$$

（ⅱ）の条件は

$$
\begin{cases}
\text{端点の符号}: f(1)=0 \\[2mm]
\text{対称軸}: -\dfrac{a}{2}>1
\end{cases}
$$

$$
\iff
\begin{cases}
b=-a-1 \\[1mm]
a<-2
\end{cases}
\quad\cdots\cdots \ ②
$$

（ⅲ）の条件は

  端点の符号 $: f(1)<0$

$$
\iff b<-a-1 \quad\cdots\cdots \ ③
$$

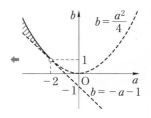

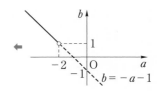

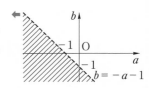

以上より，「①または②または③」が求める条件であり，これを図示すると下図の斜線部分となる. 境界は実線部分を含み，白丸・破線部分は除く.

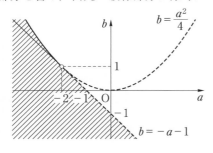

解答2 $f(x)=x^2+ax+b$ とし，対称軸 $x=-\dfrac{a}{2}$

の位置により場合分けする．

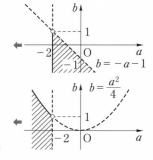

(ⅰ) $-\dfrac{a}{2}\leqq1\ (a\geqq-2)$ のとき

　　求める条件は

　　　　端点の符号：$f(1)<0\iff1+a+b<0$

(ⅱ) $-\dfrac{a}{2}>1\ (a<-2)$ のとき

　　求める条件は

　　　　頂点の y 座標：$f\left(-\dfrac{a}{2}\right)\leqq0\iff b\leqq\dfrac{a^2}{4}$

　(ⅰ)，(ⅱ)の和集合が求める領域であり，図示すると**解答1**の図を得る．

講究　　**1°** $\alpha,\ \beta$ が実数であっても

(a) $\begin{cases}\alpha>1\\\beta>1\end{cases}\iff\begin{cases}\alpha+\beta>2\\\alpha\beta>1\end{cases}$

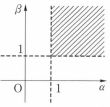
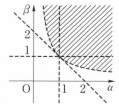

としてはならない．「$\implies$ は真」
であるが，「$\impliedby$ は偽」である．
すなわち，右側の条件は必要条件
であるが，十分条件ではない．

　反例としては，$(\alpha,\ \beta)=\left(\dfrac{1}{2},\ 3\right)$ がある．これは上図のように真理集合を
描き，包含関係をみると一目瞭然だろう．

　(a)を解と係数の関係を用いて同値変形するならば

$$\begin{cases}\alpha>1\\\beta>1\end{cases}\iff\begin{cases}\alpha-1>0\\\beta-1>0\end{cases}$$

$$\iff\begin{cases}D\geqq0\\(\alpha-1)+(\beta-1)>0\\(\alpha-1)(\beta-1)>0\end{cases}\iff\begin{cases}D\geqq0\\\alpha+\beta>2\\\alpha\beta-(\alpha+\beta)+1>0\end{cases}$$

となる．この変形を避けるために**グラフを利用した解法**をとることにする．

2° $f(x)=x^2+ax+b$ の解 $\alpha,\ \beta$ が，$\beta\leqq1<\alpha$ である条件を考え，
　$f(1)<0$ とすると，$\beta<1<\alpha$ であるが $\beta=1$ が抜けている．
　$f(1)\leqq0$ とすると，$\beta<1=\alpha$ のときも含まれてしまい適さない．
　　では修正して，「$f(1)\leqq0$ かつ $1<$(対称軸)」とすると，今度は「$\alpha>1$」は
保証されたが，「(対称軸)$\leqq1$ かつ $1<\alpha$」のときが抜けてしまう．したがっ

て，$\beta=1$，$\beta<1$ と分ける必要がある．

3°　$f(x)=x^2+ax+b$ とし，端点 $f(1)$ の符号で場合分けする．

（ⅰ）$f(1)\geqq 0$（$b\geqq -a-1$）のとき

求める条件は

$$\begin{cases} 頂点の\ y\ 座標：f\left(-\dfrac{a}{2}\right)\leqq 0 \\[2mm] 対称軸：-\dfrac{a}{2}>1 \end{cases}$$

$$\Longleftrightarrow \begin{cases} b\leqq \dfrac{a^2}{4} \\[2mm] a<-2 \end{cases}$$

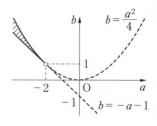

（ⅱ）$f(1)<0$（$b<-a-1$）のとき

$y=f(x)$ のグラフは下に凸な放物線より，つね
に条件を満たす．

（ⅰ），（ⅱ）の和集合が求める領域であり，図示する
と**解答1**の図を得る．

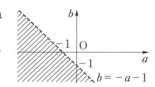

4°　否定命題の補集合を求めてもよい．

$f(x)=x^2+ax+b$ とすると，$f(x)=0$ は実数解をもつから

実数解条件：（判別式）$\geqq 0 \Longleftrightarrow b\leqq \dfrac{a^2}{4}$　……　㋐

のもとで考える．

㋐のとき，「$x>1$ の範囲に少なくとも1つ解をもつ」の否定は

「$x>1$ の範囲に解をもたない」，

すなわち

「2解は $x\leqq 1$ の範囲にある」

ことである．これを満たす条件は

$$\begin{cases} 対称軸：-\dfrac{a}{2}\leqq 1 \\[2mm] 端点の符号：f(1)\geqq 0 \end{cases} \Longleftrightarrow \begin{cases} a\geqq -2 \\[2mm] b\geqq -a-1 \end{cases}$$

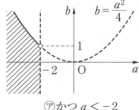

㋐かつ $a<-2$

である．補集合は

$$a<-2 \ \ または \ \ b<-a-1 \ \ ……\ ㋑$$

である．

㋐のもとで㋑を図示すると**解答1**の図を得る．

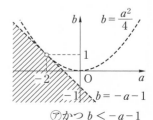

㋐かつ $b<-a-1$

12 三角関数を含む方程式の基本

a を実数の定数とする. θ の方程式

$$\sin\theta+\cos\theta-a=0$$

について，次の問いに答えよ.

(1) 解が $0\leqq\theta\leqq\pi$ の範囲に存在するような a の値の範囲を求めよ.

(2) 解が $0\leqq\theta\leqq\pi$ の範囲にただ1つ存在するような a の値の範囲を求めよ.

精 講　三角関数の定義を思い出しておきましょう.

　原点を始点とする動径と x 軸とのなす角が θ のとき，この動径と単位円 $x^2+y^2=1$ の交点を (x, y) とすると

$$x=\cos\theta, \quad y=\sin\theta$$

でした.

　したがって，「方程式 $\sin\theta+\cos\theta-a=0$ の解が存在する」ということは，「円 $x^2+y^2=1$ と直線 $y+x-a=0$ が共有点をもつ」ということにほかなりません.

　また，三角関数の**合成の公式**を用いると，変数 θ を1か所にまとめることができます. $\sin(\theta+\alpha)$ とまとめたときは単位円 $x^2+y^2=1$ 上の y 座標に着目し，$\cos(\theta-\beta)$ とまとめたときは x 座標に着目しましょう.

←**講 究** 1°

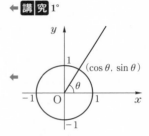

←

←**解答** 1

←**講 究** 2°

←**解答** 2

解　答

解答 1　$\sin\theta+\cos\theta-a=0$ ……（＊）

(1)　$x=\cos\theta, \quad y=\sin\theta$

とおくと

　　　（＊）の解が $0\leqq\theta\leqq\pi$ に存在する

$\Longleftrightarrow$ 半円 $\begin{cases} x^2+y^2=1 \\ y\geqq0 \end{cases}$ と直線 $y+x-a=0$ が共有

　　点をもつ

である.

点 (x, y) は円 $x^2+y^2=1$ 上の点です.

←

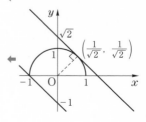

半円と直線が接するとき, その接点は

$\left(\dfrac{1}{\sqrt{2}},\ \dfrac{1}{\sqrt{2}}\right)$ であり, このときの a の値は

$$a=\dfrac{1}{\sqrt{2}}+\dfrac{1}{\sqrt{2}}=\sqrt{2}$$

←半円と直線が接するとき, 直線の y 切片 a は最大となる.

直線が点 $(-1,\ 0)$ を通るときの a の値は
$$a=0-1=-1$$

よって, 求める a の値の範囲は
$$-1\leqq \boldsymbol{a} \leqq \sqrt{2}$$

←直線が点 $(-1,\ 0)$ を通るとき, 直線の y 切片 a は最小となる.

(2)　　（＊）の解が $0\leqq\theta\leqq\pi$ にただ 1 つ存在する

$\iff$ 半円 $\begin{cases} x^2+y^2=1 \\ y\geqq 0 \end{cases}$ と直線 $y+x-a=0$

が共有点をただ 1 つもつ

であり, 直線が点 $(1,\ 0)$ を通るときの a の値は
$$a=0+1=1$$

であるから, 右図より, 求める a の値の範囲は
$$-1\leqq a<1\ \textbf{または}\ \boldsymbol{a}=\sqrt{2}$$

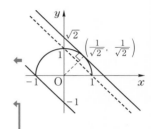

←半円と直線が 2 つの共有点をもつとき, y 切片が最小となるのは, 直線が点 $(1,\ 0)$ を通るときである.

解答2　　$\sin\theta+\cos\theta-a=0$　　……（＊）

（＊）を合成の公式を用いて変形すると

$$a=1\cdot\sin\theta+1\cdot\cos\theta$$
$$=\sqrt{2}\left(\sin\theta\cdot\dfrac{1}{\sqrt{2}}+\cos\theta\cdot\dfrac{1}{\sqrt{2}}\right)$$
$$=\sqrt{2}\left(\sin\theta\cos\dfrac{\pi}{4}+\cos\theta\sin\dfrac{\pi}{4}\right)$$
$$=\sqrt{2}\sin\left(\theta+\dfrac{\pi}{4}\right)$$
$$\therefore\ \ \sin\left(\theta+\dfrac{\pi}{4}\right)=\dfrac{a}{\sqrt{2}}$$

←$\sqrt{1^2+1^2}=\sqrt{2}$ で式全体をくくる.

←加法定理に持ち込む.

$0\leqq\theta\leqq\pi$ のとき

$$\dfrac{\pi}{4}\leqq\theta+\dfrac{\pi}{4}\leqq\dfrac{5\pi}{4}$$

であることと, $\sin\left(\theta+\dfrac{\pi}{4}\right)$ は単位円 $x^2+y^2=1$ 上

の点の y 座標であることに注意すると

←cos で合成すると
$$\cos\left(\theta-\dfrac{\pi}{4}\right)=\dfrac{a}{\sqrt{2}}$$
である. 講究 2°

(1) 「(＊)の解が $0\leqq\theta\leqq\pi$ に存在する」条件は,
右図から

$$-\frac{1}{\sqrt{2}}\leqq\frac{a}{\sqrt{2}}\leqq1$$

$$\therefore\quad -1\leqq a\leqq\sqrt{2}$$

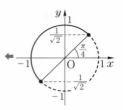

(2) 「(＊)の解が $0\leqq\theta\leqq\pi$ にただ1つ存在する」
条件は,右図から

$$-\frac{1}{\sqrt{2}}\leqq\frac{a}{\sqrt{2}}<\frac{1}{\sqrt{2}}\quad\text{または}\quad\frac{a}{\sqrt{2}}=1$$

$$\therefore\quad -1\leqq a<1\quad\text{または}\quad a=\sqrt{2}$$

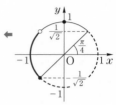

講 究

1° 三角関数の定義

　　x 軸の正の部分を始線にとり,一般角 θ の動径と,原点を中心
とする半径 r の円との交点Pの座標を $(x,\ y)$ とする.このとき $\dfrac{x}{r}$, $\dfrac{y}{r}$, $\dfrac{y}{x}$
の各値は円の半径 r に無関係で,角 θ だけによって定まる.そこで,$r=1$ と
して

$$\cos\theta=x,\ \sin\theta=y,\ \tan\theta=\frac{y}{x}$$

と定め,これらをそれぞれ θ の正弦,余弦,
正接といい,まとめて三角関数という.

なお,$\theta=\dfrac{\pi}{2}+n\pi(n$ は整数$)$ に対しては,

$x=0$ となるから,$\tan\theta$ の値を定義しない.

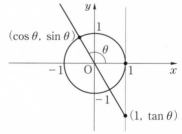

2° 三角関数ではいろいろな公式が登場する.**基本は加法定理**である.どの公式
も正しく使えるようにしておかなければならない.

　　ここでは,合成の公式について確認しておく.これは
　　　$a\sin\theta+b\cos\theta\quad(a^2+b^2\neq0)$
として2つある θ を加法定理
　　　$\cos(\alpha\pm\beta)=\cos\alpha\cos\beta\mp\sin\alpha\sin\beta$　（複号同順）
または
　　　$\sin(\alpha\pm\beta)=\sin\alpha\cos\beta\pm\cos\alpha\sin\beta$　（複号同順）

を利用して1つにまとめるものである.

$$a\sin\theta+b\cos\theta=\sqrt{a^2+b^2}\left(\sin\theta\cdot\frac{a}{\sqrt{a^2+b^2}}+\cos\theta\cdot\frac{b}{\sqrt{a^2+b^2}}\right)$$

ここで,$\left(\dfrac{a}{\sqrt{a^2+b^2}}\right)^2+\left(\dfrac{b}{\sqrt{a^2+b^2}}\right)^2=1$ であるから,

点 $\left(\dfrac{a}{\sqrt{a^2+b^2}},\ \dfrac{b}{\sqrt{a^2+b^2}}\right)$ は円 $x^2+y^2=1$ 上の点であり

$$\cos\alpha=\frac{a}{\sqrt{a^2+b^2}},\ \sin\alpha=\frac{b}{\sqrt{a^2+b^2}}$$

となる α が存在する.これより

$$a\sin\theta+b\cos\theta=\sqrt{a^2+b^2}(\sin\theta\cos\alpha+\cos\theta\sin\alpha)$$
$$=\sqrt{a^2+b^2}\sin(\theta+\alpha)$$

である.

また,点 $\left(\dfrac{b}{\sqrt{a^2+b^2}},\ \dfrac{a}{\sqrt{a^2+b^2}}\right)$ が円 $x^2+y^2=1$ 上の点であるとみてもよい.このときは

$$\cos\beta=\frac{b}{\sqrt{a^2+b^2}},\ \sin\beta=\frac{a}{\sqrt{a^2+b^2}}$$

となる β が存在するから

$$a\sin\theta+b\cos\theta=\sqrt{a^2+b^2}(\sin\theta\sin\beta+\cos\theta\cos\beta)$$
$$=\sqrt{a^2+b^2}\cos(\theta-\beta)$$

である.

13 三角関数を含む連立方程式

a, b を実数の定数とする. x と y の連立方程式

$$\begin{cases} \sin x + \cos y = a \\ \cos x + \sin y = b \end{cases}$$

について, 次の問いに答えよ.

(1) 解が存在するような a, b の条件を求めよ.

(2) $a = \sqrt{2}$, $b = -\sqrt{2}$ のとき, この連立方程式を解け. ただし, $0 \leq x < 2\pi$, $0 \leq y < 2\pi$ とする.

(秋田大・改)

精 講 (1) 三角関数の定義から, a, b を実数 とするとき

$$\begin{cases} \cos \theta = a \\ \sin \theta = b \end{cases}$$

を満たす実数 θ が存在するための条件は

$$a^2 + b^2 = 1$$

です. 本問では未知数が x, y として 2 つあるので, まずは, 一方に着目して 1 つの文字についての解の 存在条件を考えましょう. 未知数が 1 つになれば, その後の解の存在条件は 12 の 精講 を参照してくだ さい.

◀ $\cos \theta$ は単位円 $x^2 + y^2 = 1$ 上 の点の x 座標であり, $\sin \theta$ は y 座標である.

(2) $\cos^2 y + \sin^2 y = 1$ を利用して 1 文字消去します.

解 答

(1) $$\begin{cases} \sin x + \cos y = a & \cdots\cdots ① \\ \cos x + \sin y = b & \cdots\cdots ② \end{cases}$$

とする. ①, ②より

$$\begin{cases} \cos y = a - \sin x & \cdots\cdots ①' \\ \sin y = b - \cos x & \cdots\cdots ②' \end{cases}$$

①′, ②′ を満たす y が存在する条件は

$$(a - \sin x)^2 + (b - \cos x)^2 = 1$$

$$a^2 + b^2 - 2(a \sin x + b \cos x) + 1 = 1$$

$$a \sin x + b \cos x = \frac{a^2 + b^2}{2} \qquad \cdots\cdots ③$$

◀ $(\cos y,\ \sin y)$ は円 $X^2 + Y^2 = 1$ 上の点である.

である．③を満たす x が存在する条件を求める．

(i)　$a^2+b^2=0$ のとき

　　$a=b=0$ であり

　　　③ $\iff$ $0\sin x+0\cos x=0$

　　③を満たす x は無数に存在する．

(ii)　$a^2+b^2\neq0$ のとき

$$③ \iff \sqrt{a^2+b^2}\left(\sin x\cdot\frac{a}{\sqrt{a^2+b^2}}+\cos x\cdot\frac{b}{\sqrt{a^2+b^2}}\right)=\frac{a^2+b^2}{2}$$

$$\iff \sin x\cdot\frac{a}{\sqrt{a^2+b^2}}+\cos x\cdot\frac{b}{\sqrt{a^2+b^2}}=\frac{\sqrt{a^2+b^2}}{2}$$

$\left(\dfrac{a}{\sqrt{a^2+b^2}}\right)^2+\left(\dfrac{b}{\sqrt{a^2+b^2}}\right)^2=1$ より

$$\cos\alpha=\frac{a}{\sqrt{a^2+b^2}},\ \ \sin\alpha=\frac{b}{\sqrt{a^2+b^2}}$$

を満たす α が存在するから

$$③ \iff \sin x\cos\alpha+\cos x\sin\alpha=\frac{\sqrt{a^2+b^2}}{2}$$

$$\iff \sin(x+\alpha)=\frac{\sqrt{a^2+b^2}}{2}$$

$a^2+b^2>0$ であることに注意すると，これを満たす
x が存在する条件は

$$0<\frac{\sqrt{a^2+b^2}}{2}\leqq1$$

$$\iff 0<a^2+b^2\leqq4$$

　(i)，(ii)より③を満たす x が存在する条件は
$a^2+b^2\leqq4$ であり，したがって求める条件は

　　$\boldsymbol{a^2+b^2\leqq4}$

である．

(2)　$a=\sqrt{2}$，$b=-\sqrt{2}$ のとき

　①′，②′ は

$$\begin{cases}\cos y=\sqrt{2}-\sin x & \cdots\cdots ①'' \\ \sin y=-\sqrt{2}-\cos x & \cdots\cdots ②''\end{cases}$$

③は

$$\sqrt{2}\sin x-\sqrt{2}\cos x=2$$

$$2\left(\sin x\cdot\frac{1}{\sqrt{2}}-\cos x\cdot\frac{1}{\sqrt{2}}\right)=2$$

← 12 の 精講 を参照せよ．また， 研究 **1°** も参照せよ．

← (i)，(ii)の場合分けを忘れないこと．

← $\left(\dfrac{a}{\sqrt{a^2+b^2}},\ \dfrac{b}{\sqrt{a^2+b^2}}\right)$ は単位円 $x^2+y^2=1$ 上の点である．

← (1)の①′，②′ に a，b の値を代入した．

← これは1文字 y を消去した式である．

$$\sin x \cdot \cos\frac{\pi}{4} - \cos x \cdot \sin\frac{\pi}{4} = 1$$

$$\therefore \quad \sin\left(x - \frac{\pi}{4}\right) = 1$$

← 加法定理を利用して合成した.

$0 \leqq x < 2\pi$ より

$$x - \frac{\pi}{4} = \frac{\pi}{2} \qquad \therefore \quad x = \frac{3\pi}{4}$$

このとき①″, ②″ は

$$\begin{cases} \cos y = \sqrt{2} - \dfrac{1}{\sqrt{2}} \\ \sin y = -\sqrt{2} - \left(-\dfrac{1}{\sqrt{2}}\right) \end{cases}$$

$$\therefore \quad \begin{cases} \cos y = \dfrac{1}{\sqrt{2}} \\ \sin y = -\dfrac{1}{\sqrt{2}} \end{cases}$$

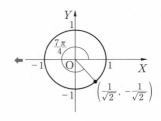

$0 \leqq y < 2\pi$ より $y = \dfrac{7\pi}{4}$

$$x = \frac{3\pi}{4}, \quad y = \frac{7\pi}{4}$$

← 別解 講究 2°

講究　**1°** $a\sin x + b\cos x = \dfrac{a^2 + b^2}{2}$ ......③

12 では③と同様な式を 2 通りに処理している. 本問の**解答**では合成の公式を利用する解法をとったが, 円 $X^2 + Y^2 = 1$ と直線 $aY + bX = \dfrac{a^2 + b^2}{2}$ が共有点をもつための条件を求めてもよい.

(i) $a^2 + b^2 = 0$ のとき

解答の(i)と同じである.

(ii) $a^2 + b^2 \neq 0$ のとき

求める条件は

$$\frac{\left|0 + 0 - \dfrac{a^2 + b^2}{2}\right|}{\sqrt{a^2 + b^2}} \leqq 1 \iff \sqrt{a^2 + b^2} \leqq 2$$

$a^2 + b^2 > 0$ であることに注意すると

$$0 < a^2 + b^2 \leqq 4$$

以下, **解答**と同じである.

2° (2)の 別解 を示しておく.

別解 1 ③は $\sin x - \cos x = \sqrt{2}$ と変形される. 円 $X^2 + Y^2 = 1$ と直線 $Y - X = \sqrt{2}$ は連立することにより,点 $\left(-\dfrac{1}{\sqrt{2}}, \ \dfrac{1}{\sqrt{2}}\right)$ で接することが確認されるから,$0 \leqq x < 2\pi$ より

$$x = \frac{3\pi}{4}$$

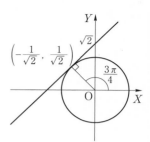

を得る.以下,**解答** と同様に計算して $y = \dfrac{7\pi}{4}$ である.

別解 2 $x = \dfrac{\pi}{2} - z$ とおくと

$$\cos x = \sin z, \ \sin x = \cos z$$

であり,このとき①,②は

$$\begin{cases} \cos z + \cos y = \sqrt{2} \\ \sin z + \sin y = -\sqrt{2} \end{cases}$$

A$(\cos z, \ \sin z)$,B$(\cos y, \ \sin y)$ とし,線分 AB の中点を M とすると

$$M\left(\frac{\cos z + \cos y}{2}, \ \frac{\sin z + \sin y}{2}\right) = \left(\frac{\sqrt{2}}{2}, \ -\frac{\sqrt{2}}{2}\right)$$

A,B,M は円 $x^2 + y^2 = 1$ 上の点である.A$\neq$B とすると M は円の内部にあることになり不合理である.よって,A$=$B$=$M である.このとき,

$-\dfrac{3\pi}{2} < z \leqq \dfrac{\pi}{2}$,$0 \leqq y < 2\pi$ より

$$z = \frac{\pi}{2} - x = -\frac{\pi}{4}, \ y = \frac{7\pi}{4}$$

$$\therefore \quad x = \frac{3\pi}{4}, \ y = \frac{7\pi}{4}$$

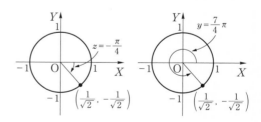

14 三角関数を含む方程式

(1) a を実数とする. 方程式
$$\cos^2 x - 2a\sin x - a + 3 = 0$$
の解で $0 \leqq x < 2\pi$ の範囲にあるものの個数を求めよ.

（学習院大）

(2) 定数 a に対して
$$f(x) = 3\sin^2 x + 9\cos^2 x + 4a\sin x\cos x$$
とおく. x についての方程式 $f(x) = 0$ が実数解をもつための a の条件を求めよ.

（東京理大・改）

精 講 式をいかに簡単なものにするかがテーマです.

(1) まずは関数を sin にそろえることを考えましょう. 次は $\sin x = t$ とおいて, 与えられた方程式を t についての2次方程式とみます. a の値に応じて解 t の個数が変わりますが, これは**定数 a を分離**してみると考えやすくなります. また, t に対応する x の個数にも注意が必要です.

← 定数分離は強力な武器です.

← t と x の関係は単位円を考えましょう.

(2) こちらは**次数下げ**を考えましょう. 使う公式は半角・2倍角の公式です.

← 2次式より1次式のほうが扱いやすい.

解 答

(1) $\cos^2 x - 2a\sin x - a + 3 = 0$ ...... ①
$(1 - \sin^2 x) - 2a\sin x - a + 3 = 0$
$\sin^2 x + 2a\sin x + a - 4 = 0$
$\sin x = t \ (-1 \leqq t \leqq 1)$ とおくと
$t^2 + 2at + a - 4 = 0$
$$-\frac{1}{2}t^2 + 2 = a\left(t + \frac{1}{2}\right)$$

このことから, $y = -\dfrac{1}{2}t^2 + 2$ と $y = a\left(t + \dfrac{1}{2}\right)$

のグラフの $-1 \leqq t \leqq 1$ における共有点の個数を考える.

← 関数 $\sin x$ にそろえる.

← $0 \leqq x < 2\pi$ より, $-1 \leqq t \leqq 1$ である.

← 定数 a を分離する.

ここで, ①を満たす実数 x の個数は, t の
$-1 < t < 1$ における 1 個の値に対して 2 個,
$t=1$, $t=-1$ に対してはそれぞれ 1 個ずつ
対応することに注意すると, 右図より, ①の解
の個数は

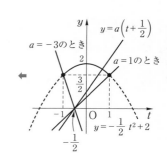

$$\begin{cases} a>1 \text{ のとき} & 2\text{ 個} \\ a=1 \text{ のとき} & 1\text{ 個} \\ -3<a<1 \text{ のとき} & 0\text{ 個} \\ a=-3 \text{ のとき} & 1\text{ 個} \\ a<-3 \text{ のとき} & 2\text{ 個} \end{cases}$$

(2)　$f(x)$
$= 3\sin^2 x + 9\cos^2 x + 4a\sin x\cos x$
$= 3\cdot\dfrac{1-\cos 2x}{2} + 9\cdot\dfrac{1+\cos 2x}{2} + 2a\sin 2x$

←半角の公式, 2 倍角の公式を
　利用して次数下げをする.

$= 2a\sin 2x + 3\cos 2x + 6$
$= \sqrt{4a^2+9}\left(\dfrac{2a}{\sqrt{4a^2+9}}\sin 2x + \dfrac{3}{\sqrt{4a^2+9}}\cos 2x\right) + 6$

←合成の公式を利用して変数
　$2x$ をまとめたい.

$= \sqrt{4a^2+9}(\sin 2x\cos\alpha + \cos 2x\sin\alpha) + 6$
$$\left(\text{ただし, } \cos\alpha = \dfrac{2a}{\sqrt{4a^2+9}}, \ \sin\alpha = \dfrac{3}{\sqrt{4a^2+9}}\right)$$
$= \sqrt{4a^2+9}\sin(2x+\alpha) + 6$
であるから

$$f(x)=0 \iff \sin(2x+\alpha) = \dfrac{-6}{\sqrt{4a^2+9}}$$

である. よって, $f(x)=0$ が実数解をもつための
a の条件は

$$\left|\dfrac{-6}{\sqrt{4a^2+9}}\right| \leqq 1$$

←$\sin\theta = A$ を満たす θ が存在
　する条件は $|A| \leqq 1$ である.

$$\iff 6 \leqq \sqrt{4a^2+9} \iff 36 \leqq 4a^2+9$$

$$\therefore \quad a \leqq -\dfrac{3\sqrt{3}}{2} \quad \text{または} \quad \dfrac{3\sqrt{3}}{2} \leqq a$$

別解 円 $X^2+Y^2=1$ と直線 $2aY+3X+6=0$ が共有点をもつための条件
$$\dfrac{|0+0+6|}{\sqrt{(2a)^2+3^2}} \leqq 1$$
を整理してもよい.

第 2 章 値域と最大・最小

15 2次関数の値域

定義域が $-1 \leqq x \leqq 2$ である2次関数 $y = -6x^2 + 12x + 2$ の値域を求めよ.

（東北工大・改）

精 講 **定義域**が与えられて関数ははじめて意味をもちます．関数値の集合が**値域**ですから，定義域における**グラフ**をかけば，y の値域（とり得る値の範囲）を求める（みる）ことができます． ← **講 究** 1°

与えられた関数のグラフをかくのが困難なときもあります．そのようなときも考慮して値域の求め方をまとめておきましょう．

- (i) $y = f(x)$ のグラフをかく． ← **解答 1**
- (ii) 変数を置き換えて，簡単な関数に直す． ← **解答 2**
- (iii) $y = f(x)$ となる x が少なくとも1つ存在 ← **解答 3**
  するような y の条件を求める．

それぞれの見方で解答を書いてみましょう．1つの解法に満足せず，いろいろな視点で問題をみることは大切です．これは考え方を深める練習になります．

(iii)は面倒な言い回しと思われるかもしれませんが，この考え方は今後いたるところに出てきます．

はじめは違和感がある考え方かもしれませんが，そのうち慣れてきます．1歩1歩進んでいきましょう．

解 答

解答 1 定義域 $-1 \leqq x \leqq 2$ の範囲で

$$y = -6x^2 + 12x + 2$$
$$= -6(x-1)^2 + 8$$

のグラフをかくと右図となるから，求める値域は

$$-16 \leqq y \leqq 8$$

である．

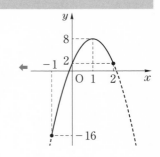

解答2　$y=-6x^2+12x+2$
　　　　　$=-6(x-1)^2+8$

$t=(x-1)^2$ とおくと，$-1\leqq x\leqq2$ より
　　$0\leqq t\leqq4$

であり，与えられた関数は
　　$y=-6t+8$

である．これは単調減少な関数であるから，値域は
　　$-6\cdot0+8\geqq y\geqq-6\cdot4+8$
　　∴　$\boldsymbol{-16\leqq y\leqq8}$

⬅ 新しい変数 t の変域をおさえる．

⬅ 1次関数!! に置き換えられた.

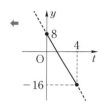

⬅

解答3　$-1\leqq x\leqq2$　　　……①
　　　　　$y=-6x^2+12x+2$　　……②

②を満たす x が①の範囲に少なくとも1つ存在するための y の条件を求める．
　　　②　$\Longleftrightarrow$　$6x^2-12x+y-2=0$

$f(x)=6x^2-12x+y-2$ とおくと，$Y=f(x)$ のグラフの対称軸は $x=1$ であり，対称軸は①の範囲にある．$x=-1$，$x=2$ のうち対称軸からより離れているのは $x=-1$ であるから，求める条件は

$$\begin{cases}頂点の y 座標：f(1)\leqq0 \\ 端点の符号：f(-1)\geqq0\end{cases}$$

$$\Longleftrightarrow \begin{cases}y-8\leqq0 \\ 16+y\geqq0\end{cases}$$

　　∴　$\boldsymbol{-16\leqq y\leqq8}$

⬅ **講 究** 2° (iii)
解の配置については **11** を参照せよ．

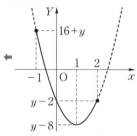

⬅

⬅ 別解 （定数分離）**講 究** 3°

講 究　　**1°**　2つの変数 x，y があって，x の値を1つ定めるとそれに対応して y の値がただ1つ定まるとき，y は x の**関数**（function）であるという．y が x の関数であることを，文字 f などを用いて $y=f(x)$ と表す．x を独立変数といい，y を x の従属変数であるともいう．

　関数 $y=f(x)$ において独立変数 x のとり得る値の範囲をこの関数の**定義域**という．また，x が定義域全体を動くとき，従属変数 y がとる値の範囲をこの関数の**値域**という．

　関数 $y=f(x)$ が与えられたとき，関係 $y=f(x)$ を満たすような点 (x,y)，すなわち点 $(x,f(x))$ 全体で作られる図形を，この関数の**グラフ**という．

2°　関数 $y=f(x)$ の値域の求め方
　精講であげた3つの方法について補足しておく．

(ⅰ) $y=f(x)$ のグラフをかく.

　1次関数, 2次関数, 三角関数などグラフがすぐにかけるものはグラフをかいたほうがよい. 値域はグラフの中で一目瞭然にわかる.

(ⅱ) **変数を置き換えて, 簡単な関数に直す.**

　変数の置き換えにより簡単な関数に帰着できるものもある. このとき新しい変数の変域をおさえることを忘れてはならない. 例えば

$$y=x^4+x^2+1 \ (x は実数全体) \quad \longrightarrow \quad y=t^2+t+1 \ (t=x^2, \ t\geqq0)$$

$$y=\frac{x^2+x}{x^2} \ (x\neq0) \quad \longrightarrow \quad y=1+t \left(t=\frac{1}{x}, \ t\neq0\right)$$

$$y=x+\sqrt{1+x} \ (x\geqq-1) \quad \longrightarrow \quad y=t^2+t-1 \ (t=\sqrt{1+x}, \ t\geqq0)$$

$$y=\sin x+\cos x+\sin x\cos x \ (0\leqq x<2\pi)$$

$$\longrightarrow \quad y=t+\frac{1-t^2}{2} \ \left(t=\sin x+\cos x=\sqrt{2}\sin\left(x+\frac{\pi}{4}\right), \ -\sqrt{2}\leqq t\leqq\sqrt{2}\right)$$

といった具合である.

(ⅲ) $y=f(x)$ となる x が少なくとも1つ存在するような y の条件を求める.

　関数 $y=f(x)$ の値域とは関数値 $f(x)$ の集合のことであり, 値 y が値域に属する(とり得る値である)ということは, $y=f(x)$ となる x が存在するということである. したがって, 値域を求めるということは, $y=f(x)$ となる x が少なくとも1つ存在するような y の条件を求めるということである.

　本問の関数で具体的にみてみよう.

　手始めに, $f(x)$ が値2となるかどうかを調べてみる.

$$2=-6x^2+12x+2 \qquad -6x(x-2)=0 \qquad \therefore \quad x=0, \ 2$$

$x=0, \ 2$ はともに定義域内の値であり, $x=0, \ 2$ のとき $f(x)$ は2という値をとることがわかった.

　次に, $f(x)$ が値 -2 となるかどうかを調べてみる.

$$-2=-6x^2+12x+2 \qquad 3x^2-6x-2=0 \qquad \therefore \quad x=\frac{3\pm\sqrt{15}}{3}$$

$x=\dfrac{3-\sqrt{15}}{3}$ は定義域内の値であり, $x=\dfrac{3+\sqrt{15}}{3}$ は定義域内の値でない.

$x=\dfrac{3-\sqrt{15}}{3}$ のとき $f(x)$ は -2 という値をとることがわかった.

　また, $f(x)$ が値 -46 となるかどうかを調べてみる.

$$-46=-6x^2+12x+2 \qquad x^2-2x-8=0$$

$$(x+2)(x-4)=0 \qquad \therefore \quad x=-2, \ 4$$

$x=-2, \ 4$ はどちらも定義域内の値でないから, $f(x)$ は -46 という値をとることはない.

もう1つ，$f(x)$ が値 14 となるかどうかを調べてみる．

$$14=-6x^2+12x+2 \qquad x^2-2x+2=0 \qquad \therefore \quad x=1\pm i$$

$x=1\pm i$ はどちらも定義域内の値でないから，$f(x)$ は 14 という値をとることはない．

　すなわち，与えられた関数 $f(x)=-6x^2+12x+2$ が y という値となるかどうかは，x についての方程式 $6x^2-12x+y-2=0$ の解が定義域の中に少なくとも1つあるかどうかで決まる．

　したがって，関数 $y=f(x)$ の値域を求めるということは，繰り返すことになるが，$y=f(x)$ となる x が少なくとも1つ存在するような y の条件を求めるということである．

　ここから先は，2次方程式の**解の配置**の問題になる．

3°　方程式 $f(x)=0$ の解は，式を変形して $g(x)=h(x)$ とし，2つのグラフ $y=g(x)$，$y=h(x)$ の共有点とみると考えやすくなることもある．とくに，$f(x)$ が文字定数を含む場合，**定数を分離**して考えると効力を発揮することが多い．

　本問では

$$6x^2-12x+y-2=0$$

$$\Longleftrightarrow x^2-2x=\frac{2-y}{6}$$

$k=\dfrac{2-y}{6}$ とおくと，$Y=x^2-2x$

と $Y=k$ が $-1\leqq x\leqq 2$ の範囲で
共有点をもつ条件は，右のグラフより

$$-1\leqq k\leqq 3$$

$$\Longleftrightarrow -1\leqq\frac{2-y}{6}\leqq 3$$

$$\therefore \quad -16\leqq y\leqq 8$$

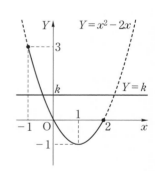

16 　２次方程式の解のとり得る値の範囲

x の２次方程式 $x^2+(2+a)x+a^2=0$（a は実数の定数）がある．この方程式が実数解をもつとき，その解の値の範囲を求めよ．

（島根県大）

精講 解の公式を用いると

$$x=\frac{-(2+a)\pm\sqrt{(2+a)^2-4a^2}}{2}$$

$$=\frac{-2-a\pm\sqrt{4+4a-3a^2}}{2}$$

であり，解 x は a の関数とみることができます．すなわち，定義域 $4+4a-3a^2\geqq0$ における a の関数の値域を求めればよいわけです．　　　　　　　　　　　　　　　　　◀ 判別式 $\geqq0$

15 の **精講** であげた値域の求め方で本問をみてみましょう．

(i)のグラフをかくという方針は無理関数なので避けたい．　　　　　　　　　　　　　　　　　　　　　◀ **講究** 2°

(ii)の変数の置き換えも避けたい．　　　　　　　　　◀ **講究** 3°

(iii)の a が少なくとも１つ存在するための x の条件を考えることにしましょう．

解の公式は２次方程式を同値変形したものですから，**もとの２次方程式を満たす実数 a が存在するための x の条件**を求めればよいことになります．すなわち，**a についての２次方程式が実数解をもつための x の条件**を求めましょう．　　　　　　　　　　　◀ a についての２次方程式の判別式を考える．

解　答

$$x^2+(2+a)x+a^2=0 \quad（a は実数の定数）\cdots\cdots ①$$

の実数解 x のとり得る値の範囲を求めるには，①を満たす実数 a が存在するための実数 x の条件を求めればよい．

与式を a について整理すると

$$a^2+xa+x^2+2x=0$$

であり，実数解 a が存在する条件は　　　　　　　◀ 実数を係数とする a についての２次方程式とみる．

判別式 $\geqq 0 \iff x^2-4(x^2+2x)\geqq 0$

$-x(3x+8)\geqq 0$

$\therefore \quad -\dfrac{8}{3}\leqq x\leqq 0$ 　　　　　　　　　　← **講究** 1°

講究　　1°　実数 a の存在条件を考える解法では，x の実数解条件をおさえる必要はない．

x についての 2 次方程式 $x^2+(2+a)x+a^2=0$ が実数解をもつということから

$$(2+a)^2-4a^2\geqq 0 \qquad (2+3a)(2-a)\geqq 0 \qquad \therefore \quad -\dfrac{2}{3}\leqq a\leqq 2 \quad \cdots\cdots (*)$$

という条件が a に課せられる．それならば，$-\dfrac{2}{3}\leqq a\leqq 2$ の範囲に a が存在するための実数 x の条件を求めるべきではないか？という疑問をもつかもしれない．しかし，$-\dfrac{8}{3}\leqq x\leqq 0$ を満たす x は実数であり，この x から定まる a は $(*)$ を満たす．したがって，x が実数という条件 $(*)$ を a に課す必要はない．

2°　1° の話を視覚的にみるには，$x^2+(2+a)x+a^2=0$ が表す図形を ax 平面に図示（数学 III の微分）してみるとよい．右図より $-\dfrac{2}{3}\leqq a\leqq 2$，$-\dfrac{8}{3}\leqq x\leqq 0$ の対応がわかる．

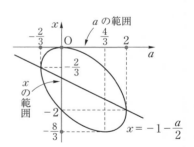

3°　あるいは，与式を平方完成し

$$\left(a+\dfrac{x}{2}\right)^2+\dfrac{3}{4}\left(x+\dfrac{4}{3}\right)^2=\dfrac{4}{3}$$

$y=a+\dfrac{x}{2}$ …… ㋐ とおくと

$$y^2+\dfrac{3}{4}\left(x+\dfrac{4}{3}\right)^2=\dfrac{4}{3}$$

$$\dfrac{9}{16}\left(x+\dfrac{4}{3}\right)^2+\dfrac{3}{4}y^2=1 \quad \cdots\cdots ㋑$$

2 次方程式 $x^2+(2+a)x+a^2=0$ の解 x は，直線 ㋐ と楕円 ㋑（数学 III）の交点の x 座標である．右図より $-\dfrac{2}{3}\leqq a\leqq 2$，$-\dfrac{8}{3}\leqq x\leqq 0$ の対応がわかる．

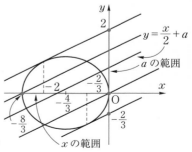

17 分数関数の値域

次の分数関数のとり得る値の範囲を求めよ.

(1) $y = \dfrac{x+1}{x^2}$ $(x \neq 0)$

(2) $y = \dfrac{x^2+1}{x}$ $(x \neq 0)$ (玉川大・改)

(3) $y = \dfrac{x}{x^2+1}$

精 講 (1), (2), (3)いずれも微分(数学 III)を用いればグラフをかくことができます. ◀ **講 究** 1°

ここでは, 2 次関数, 2 次方程式を用いて y の値域を求めることを考えましょう. ◀ 数学 II までの範囲で処理できる.

(1) $y = \dfrac{x+1}{x^2} = \dfrac{1}{x} + \dfrac{1}{x^2}$ であり, $t = \dfrac{1}{x}$ とおけば, 本問は

$$y = t + t^2$$

という 2 次関数の値域の問題になります. 変数を置き換えたときには, 新しい変数 t の**変域に注意**しましょう. ◀ 分母を払って x についての方程式として処理することも可能です.
講 究 2°

(2) $y = \dfrac{x^2+1}{x} = x + \dfrac{1}{x}$ では, (1)のような置き換えは無理です. 与式を満たす**実数 x が存在するための y の条件**を求めましょう. 分母を払うと

$$x^2 - yx + 1 = 0$$

という x についての 2 次方程式となります. ◀ 2 次方程式の実数解条件に持ち込む.

(3) 右辺は(2)の逆数になっています. (2)を利用した解法が考えられます.

また, (2)を使わずに解くことも考えておきましょう. 分母を払うと

$$yx^2 - x + y = 0$$

という x についての方程式となります. この後は最高次の係数 y について $= 0$, $\neq 0$ と場合分けして処理します. ◀ 実数 x が存在するための y の条件を求める.

◀ この場合分けを忘れないようにしましょう.

解 答

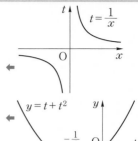

(1) $y = \dfrac{x+1}{x^2} = \dfrac{1}{x} + \dfrac{1}{x^2}$ $(x \neq 0)$

$t = \dfrac{1}{x}$ とおくと, $x \neq 0$ より, t は 0 以外の実数全 ◀

体を動く.

$$y = t + t^2 = \left(t + \dfrac{1}{2}\right)^2 - \dfrac{1}{4}$$

右図より, y のとり得る値の範囲は

$$y \geqq -\dfrac{1}{4}$$

(2) $\qquad y = \dfrac{x^2+1}{x}$ $(x \neq 0)$ $\qquad$ …… ①

$\qquad \Longleftrightarrow x^2 - yx + 1 = 0$ かつ $x \neq 0$

であるが, $x = 0$ は解とならないから, ① は

$\qquad x^2 - yx + 1 = 0$ $\qquad$ …… ②

と同値である. y のとり得る値の範囲は, x の 2 次 ◀ y が値域の中の値であるとい
方程式②が実数解をもつための y の値の集合である. うことは, y を与える実数 x
$\qquad$ 判別式 $\geqq 0 \Longleftrightarrow y^2 - 4 \geqq 0$ が存在するということである.

$\qquad \therefore \ \ y \leqq -2$ または $2 \leqq y$ ◀「$-\infty < y \leqq -2$ または

(3) **解答1** (i) $x = 0$ のとき $y = 0$ $2 \leqq y < \infty$」の意味である.

(ii) $x \neq 0$ のとき $y = \dfrac{x}{x^2+1} = \dfrac{1}{\dfrac{x^2+1}{x}}$

$t = \dfrac{x^2+1}{x}$ とおくと, $y = \dfrac{1}{t}$ である. ◀ $t = \dfrac{x^2+1}{x}$ とおくと, (2)が利

(2)より, $t \leqq -2$ または $2 \leqq t$ であるから 用できる.

$\qquad -\dfrac{1}{2} \leqq \dfrac{1}{t} < 0$ または $0 < \dfrac{1}{t} \leqq \dfrac{1}{2}$

$\qquad \therefore \ \ -\dfrac{1}{2} \leqq y < 0$ または $0 < y \leqq \dfrac{1}{2}$ ◀ $-\dfrac{1}{2} \leqq y \leqq \dfrac{1}{2}$ かつ $y \neq 0$ と

(i), (ii)より いうことである.

$$-\dfrac{1}{2} \leqq y \leqq \dfrac{1}{2}$$

解答2 $\qquad y = \dfrac{x}{x^2+1}$

$\qquad \Longleftrightarrow yx^2 - x + y = 0$ $\qquad$ …… ③

(i) $y=0$ のとき　③ $\Longleftrightarrow 0\cdot x^2-x+0=0$

　　　　　∴ $x=0$

　　すなわち，$x=0$ のとき $y=0$ となる.

←場合分けを忘れないこと.

(ii) $y\neq0$ のとき　③は x についての 2 次方程式

　　である．y のとり得る値の範囲は x の 2 次方程式

　　③が実数解をもつための y の値の集合である.

←y が値域の中の値であるということは，y を与える実数 x が存在するということである.

　　　判別式 $\geqq0 \Longleftrightarrow (-1)^2-4y^2\geqq0$

　　∴　$-\dfrac{1}{2}\leqq y\leqq\dfrac{1}{2}$　（ただし，$y\neq0$）

(i), (ii)より

　　$-\dfrac{1}{2}\leqq y\leqq\dfrac{1}{2}$

講究　　**1°**　参考までに(1), (2), (3)のグラフをかいておく（数学 III）.

(1)

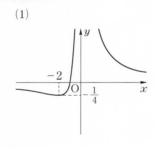

(2)

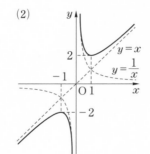

(3)

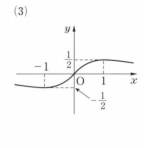

　　(2)のグラフは，$y_1=x$ と $y_2=\dfrac{1}{x}$ のグラフから $y=y_1+y_2$ と考えると，概形をおさえることができる.

2°　(1)を(3)の**解答 2** と同様に解くと，次のようになる.

　　$y=\dfrac{x+1}{x^2}$ $(x\neq0) \Longleftrightarrow yx^2-x-1=0$ かつ $x\neq0$

$x=0$ は右側の方程式の解とならないから，与式は

　　$yx^2-x-1=0$　　……㋐

と同値である.

(i) $y=0$ のとき　㋐ $\Longleftrightarrow 0\cdot x^2-x-1=0$　∴ $x=-1$

　　すなわち，$x=-1$ のとき $y=0$ となる.

(ii) $y\neq0$ のとき　y が値域の中の値であるということは，y を与える実数 x が存在するということであるから，y のとり得る値の範囲は x の 2 次方程

式⑦が実数解をもつための y の値の集合である.

$$判別式 \geqq 0 \iff (-1)^2 - 4y(-1) \geqq 0$$

$$\therefore \quad y \geqq -\frac{1}{4} \quad (\text{ただし, } y \neq 0)$$

(i), (ii)より, 求める y の値の範囲は

$$y \geqq -\frac{1}{4}$$

3° (2)は奇関数であり, グラフは原点に関して対称であるから, $x \geqq 0$ の範囲を考察すればよい. 本問では $x \neq 0$ であるから, $x > 0$ の範囲を考察すればよいことになる.

このとき, 次のように相加平均・相乗平均の関係を用いようとする人もいるかもしれない.

---誤答例---

$x > 0$ のとき

$$y = x + \frac{1}{x} \geqq 2\sqrt{x \cdot \frac{1}{x}} = 2 \quad \cdots\cdots ①$$

等号は $x = \dfrac{1}{x}$, すなわち $x = 1 \ (> 0)$ のとき成立する.　　$\cdots\cdots$ ⑦

したがって, $y \geqq 2$ である.

相加平均・相乗平均の関係により得られる結果は

①により, y は「$y < 2$」とはならない

⑦により, y は「$y = 2$」となることがある

ということであり, あわせると y の**最小値が 2 であること**を示したに過ぎない.

値域が $y \geqq 2$ であること, すなわち y が 2 以上のすべての実数値をとることを示していないのである. この手の不等式は最大値・最小値を求めるには役立つが, **値域を求める問題には使えない**.

値域を求めるには, $x > 0$ の範囲でグラフをかくか, x の方程式 $x^2 - yx + 1 = 0$ が正の解をもつための y の条件を求めることになる.

18 条件付き2変数関数の値域（1文字消去）

> 2つの実数 x および y について，$x>0$，$y>0$，$x+y=1$ のとき，次の各式のとり得る値の範囲を求めよ．
>
> (1) xy
>
> (2) x^2+y^2 $\qquad$ ((1), (2) 釧路公立大・改)
>
> (3) $\dfrac{y+1}{x+1}$

精講 条件付き2変数関数の値域を求める問題において，与えられた条件が等式で，変数の一方が消去しやすいときは，これを消去して**1変数関数の値域の問題**に帰着させることができます．

このとき消去した文字に条件があるときは，その**条件を残した文字に反映させる**ことを忘れないようにしましょう． ◀ 消した文字の情報を忘れない．

この方針で本問を解くことにしましょう．

式の特徴，あるいは式の図形的な意味から別解をつくることもできます． ◀ 別解を考えながら思考の幅を拡げよう．

(1)では基本対称式が登場しています．x，y を解とする2次方程式の解の配置の問題に帰着させることができます． ◀ 式の形に着目した． **講究** 1°

(2)も x，y の対称式です．基本対称式で表すことができるので，(1)の結果が利用できます． ◀ **講究** 2°

また，x^2+y^2 を図形的に考えると，原点と点 (x, y) の距離の平方であり，原点と与えられた条件を満たす線分上の点との距離を考えてもよいでしょう． ◀ 図形的な証明も説得力があります．

(3)も図形的に考えることができます．$m=\dfrac{y+1}{x+1}$ ◀ **講究** 3°
とおき，分母を払うと
$$y+1=m(x+1) \quad (x \neq -1)$$
となり，これは m が点 $(-1, -1)$ を通る直線の傾きであることを意味しています． ◀ 傾き $= \dfrac{y \text{の増分}}{x \text{の増分}}$

解 答

与えられた条件を変形すると

$$\begin{cases} x>0 \\ y>0 \\ x+y=1 \end{cases} \iff \begin{cases} y=1-x \\ x>0 \\ 1-x>0 \end{cases}$$

$$\iff \begin{cases} y=1-x \\ 0<x<1 \end{cases} \quad \cdots\cdots(*)$$

である.

$\Leftarrow$ $1-x>0$ で y の条件 $y>0$ を x で表した. 一般に
$$\begin{cases} y=f(x) \\ x,\ y \text{ の条件式} \end{cases}$$
$$\iff \begin{cases} y=f(x) \\ x,\ f(x) \text{ の条件式} \end{cases}$$

(1) $(*)$より

$$z=xy=x(1-x)$$
$$=-\left(x-\frac{1}{2}\right)^2+\frac{1}{4}$$

$\Leftarrow$ y を消去して x による1変数関数とした.

$0<x<1$ の範囲でグラフをかくと右図となるから

$$0<xy\leqq\frac{1}{4}$$

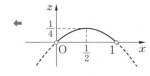

(2) $(*)$より

$$z=x^2+y^2=x^2+(1-x)^2=2x^2-2x+1$$
$$=2\left(x-\frac{1}{2}\right)^2+\frac{1}{2}$$

$0<x<1$ の範囲でグラフをかくと右図となるから

$$\frac{1}{2}\leqq x^2+y^2<1$$

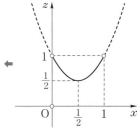

(3) $(*)$より

$$\frac{y+1}{x+1}=\frac{(1-x)+1}{x+1}=-1+\frac{3}{x+1}$$

この関数は $x>-1$ において単調減少であるから, $0<x<1$ では

$$-1+\frac{3}{0+1}>-1+\frac{3}{x+1}>-1+\frac{3}{1+1}$$
$$\therefore \quad \frac{1}{2}<\frac{y+1}{x+1}<2$$

$\Leftarrow$ $\dfrac{1\text{次式}}{1\text{次式}}$ は割り算を実行する.

$\Leftarrow$ x が増えると, $\dfrac{3}{x+1}$ は単調に減少する.

講究　　1° (1)の [別解] 1

　　$k=xy$ とおくと，k がとり得る値の範囲にあるということは

「$xy=k$, $x+y=1$, $x>0$, $y>0$ を満たす x, y が存在する」

ということであり，x, y は

　　　$t^2-t+k=0$　　……①

の解であるから

「①が2つの正の解をもつ（重解も含む）」

ということである．

$$\begin{cases} 判別式 \geqq 0 \\ 2\,解の和 > 0 \\ 2\,解の積 > 0 \end{cases} \iff \begin{cases} (-1)^2-4k \geqq 0 \\ 1 > 0 \\ k > 0 \end{cases}$$

　　$\therefore\ \ 0 < k \leqq \dfrac{1}{4}$　　$\therefore\ \ 0 < xy \leqq \dfrac{1}{4}$

(1)の [別解] 2

　　A$(0,\ 1)$，B$(1,\ 0)$ とおくと，点 $(x,\ y)$ は
線分 AB 上（両端は除く）を動く．$k=xy$ とお
き，直角双曲線 $xy=k$ と線分 AB が共有点を
もつための k の条件を求める（これも x, y の
存在条件である）．求める条件は

「$x(1-x)=k$ が $0<x<1$ の
　範囲で実数解をもつ」　　……⑦

ことである．

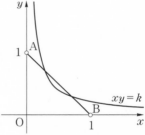

　　$x(1-x)=k \iff x^2-x+k=0$

$f(x)=x^2-x+k$ とおく．対称軸の方程式が $x=\dfrac{1}{2}$ であることに注意すると

$$⑦ \iff \begin{cases} 頂点の\,y\,座標：f\!\left(\dfrac{1}{2}\right) \leqq 0 \\ 端点の符号：f(0)=f(1) > 0 \end{cases} \iff \begin{cases} -\dfrac{1}{4}+k \leqq 0 \\ k > 0 \end{cases}$$

　　$\therefore\ \ 0 < k \leqq \dfrac{1}{4}$　　$\therefore\ \ 0 < xy \leqq \dfrac{1}{4}$

2° (2)の [別解] 1

　　$x^2+y^2=(x+y)^2-2xy=1-2k$　　……②

ここで $k=xy$ であり，(1)より $0<k \leqq \dfrac{1}{4}$ である．②は k について単調減少

であるから

　　　$1-2\cdot0 > 1-2k \geqq 1-2\cdot\dfrac{1}{4}$

$$\therefore \quad \frac{1}{2} \leqq 1 - 2k < 1 \qquad \therefore \quad \frac{1}{2} \leqq x^2 + y^2 < 1$$

(2)の [別解] **2**

$x > 0$, $y > 0$ より $x^2 + y^2 > 0$ であり，$r^2 = x^2 + y^2$ （ただし，$r > 0$）とおくことができる．このとき，r は原点と点 (x, y) の距離である．A$(0, 1)$，B$(1, 0)$ とおくと，点 (x, y) は線分 AB 上（両端は除く）を動くから，r がとり得る値の範囲は

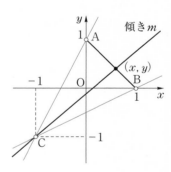

原点と線分ABとの距離 $\leqq r < $ OA$(=$OB$)$

$$\iff \frac{|0 + 0 - 1|}{\sqrt{1^2 + 1^2}} \leqq r < 1$$

$$\therefore \quad \frac{1}{2} \leqq r^2 < 1 \qquad \therefore \quad \frac{1}{2} \leqq x^2 + y^2 < 1$$

・これは円 $x^2 + y^2 = r^2$ と線分 AB が共有点をもつ条件でもある．

3°　(3)の [別解]

$m = \dfrac{y + 1}{x + 1}$ とおくと，m は点 (x, y) と C$(-1, -1)$ を結ぶ直線（ただし $x \neq -1$）の傾きである．A$(0, 1)$，B$(1, 0)$ とおくと，点 (x, y) は線分 AB 上（両端は除く）を動くから，m がとり得る値の範囲は

BCの傾き $< m <$ ACの傾き

$$\iff \frac{0 - (-1)}{1 - (-1)} < m < \frac{1 - (-1)}{0 - (-1)}$$

$$\therefore \quad \frac{1}{2} < \frac{y + 1}{x + 1} < 2$$

第 2 章

19　条件付き2変数関数の値域（媒介変数表示）

実数 x, y が $x^2+y^2=1$ を満たすとき，次の各式のとり得る値の範囲を求めよ．

(1) $x-y$

(2) $\dfrac{y}{2+x}$

(3) $2x^2-xy+3y^2$

((1), (3)　名古屋市大・改，(2)　高知工科大)

精 講　条件式が $x^2+y^2=1$ のときは

$$\begin{cases} x=\cos\theta, \ y=\sin\theta \\ 0\leq\theta<2\pi \end{cases}$$

◆重要な置き換え!!

とおくことができ，これにより2変数 x, y の式を1変数 θ で表すことができます．

この方針で本問を解くことにしましょう．

式によっては図形的な意味から別解をつくることもできます．

◆思考の幅を拡げよう．

(1) $x-y=k$ とおき，$x^2+y^2=1$ と連立して実数解 (x, y) が存在するための k の条件を求めてもよい．これは図形的には直線と円が共有点をもつということでもあります．

◆別解 講 究 1°

(2) $\dfrac{y}{2+x}=m$ とおくと，m はある直線の傾きを表します．

◆別解 講 究 2°

(3) この式を図形的に考えようとすると2次曲線の一般論（高校数学の範囲外）が必要になります．これは避けましょう．基本通り $x=\cos\theta$, $y=\sin\theta$ の置き換えを実行します．

解　答

実数 x, y が $x^2+y^2=1$ を満たすとき，x, y は

$$\begin{cases} x=\cos\theta, \ y=\sin\theta & \cdots\cdots ① \\ 0\leq\theta<2\pi & \cdots\cdots ② \end{cases}$$

◆この置き換えは常套手段!!

とおくことができる．

(1)　与式に①を代入すると

$$x-y$$
$$=\cos\theta-\sin\theta$$
$$=\sqrt{2}\left(\cos\theta\cdot\frac{1}{\sqrt{2}}-\sin\theta\cdot\frac{1}{\sqrt{2}}\right)$$
$$=\sqrt{2}\left(\cos\theta\cos\frac{\pi}{4}-\sin\theta\sin\frac{\pi}{4}\right)$$
$$=\sqrt{2}\cos\left(\theta+\frac{\pi}{4}\right)$$

←合成して変数を1か所にまとめる.

←θの変域は示しておくこと.

θは②の範囲を動くから，$\cos\left(\theta+\dfrac{\pi}{4}\right)$は

$-1\leqq\cos\left(\theta+\dfrac{\pi}{4}\right)\leqq1$ の範囲を動く．よって

$$-\sqrt{2}\leqq x-y\leqq\sqrt{2}$$

(2)　与式に①を代入すると

$$\frac{y}{2+x}=\frac{\sin\theta}{2+\cos\theta}$$

$\dfrac{\sin\theta}{2+\cos\theta}=k$ とおき，②を満たす θ が存在するための k の条件を求める.

←kが値域の中の値であるための条件は，この等式を満たす θ が存在することである.

$$\frac{\sin\theta}{2+\cos\theta}=k$$

$$\Longleftrightarrow \sin\theta-k\cos\theta=2k \quad\cdots\cdots ③$$

←$2+\cos\theta\neq0$

$$\Longleftrightarrow \sqrt{k^2+1}\left(\sin\theta\cdot\frac{1}{\sqrt{k^2+1}}-\cos\theta\cdot\frac{k}{\sqrt{k^2+1}}\right)=2k$$

$$\left(\frac{1}{\sqrt{k^2+1}}\right)^2+\left(\frac{k}{\sqrt{k^2+1}}\right)^2=1 \text{ より}$$

$$\cos\alpha=\frac{1}{\sqrt{k^2+1}}, \quad \sin\alpha=\frac{k}{\sqrt{k^2+1}}$$

←点 $\left(\dfrac{1}{\sqrt{k^2+1}},\ \dfrac{k}{\sqrt{k^2+1}}\right)$ は円 $x^2+y^2=1$ 上の点である.

を満たす α が存在するから

$$③ \Longleftrightarrow \sqrt{k^2+1}\sin(\theta-\alpha)=2k$$

$$\Longleftrightarrow \sin(\theta-\alpha)=\frac{2k}{\sqrt{k^2+1}}$$

②を満たす θ が存在する条件は

$$\left|\frac{2k}{\sqrt{k^2+1}}\right|\leqq1 \Longleftrightarrow 4k^2\leqq k^2+1$$

←$|\sin(\theta-\alpha)|\leqq1$

$$\therefore \quad -\frac{1}{\sqrt{3}} \leqq k \leqq \frac{1}{\sqrt{3}}$$

$$\therefore \quad -\frac{1}{\sqrt{3}} \leqq \frac{y}{2+x} \leqq \frac{1}{\sqrt{3}}$$

(3) 与式に①を代入すると

$$2x^2 - xy + 3y^2$$
$$= 2\cos^2\theta - \cos\theta\sin\theta + 3\sin^2\theta$$
$$= 2\cdot\frac{1+\cos 2\theta}{2} - \frac{\sin 2\theta}{2} + 3\cdot\frac{1-\cos 2\theta}{2}$$ ← 半角・2倍角の公式を用いて次数下げしている.
$$= \frac{5}{2} - \frac{1}{2}(\sin 2\theta + \cos 2\theta)$$
$$= \frac{5}{2} - \frac{\sqrt{2}}{2}\left(\sin 2\theta\cdot\frac{1}{\sqrt{2}} + \cos 2\theta\cdot\frac{1}{\sqrt{2}}\right)$$
$$= \frac{5}{2} - \frac{\sqrt{2}}{2}\sin\left(2\theta + \frac{\pi}{4}\right)$$ ← $\cos\frac{\pi}{4} = \sin\frac{\pi}{4} = \frac{1}{\sqrt{2}}$

θ は②の範囲を動くから, $\sin\left(2\theta + \dfrac{\pi}{4}\right)$ は

$-1 \leqq \sin\left(2\theta + \dfrac{\pi}{4}\right) \leqq 1$ の範囲を動く. よって

$$\frac{5-\sqrt{2}}{2} \leqq 2x^2 - xy + 3y^2 \leqq \frac{5+\sqrt{2}}{2}$$

講究 1° (1)の 別解 1
$$x^2 + y^2 = 1 \quad \cdots\cdots ⑦$$

$x - y = k \quad \cdots\cdots ④$ とおき,「⑦かつ④」を満たす実数 x, y が存在するためのの k の条件を求める.

$$「⑦かつ④」 \iff \begin{cases} y = x - k & \cdots\cdots ④' \\ x^2 + (x-k)^2 = 1 \end{cases} \quad (\because \ 代入法の原理)$$

k は実数であり, x が実数なら④'より,

　　y も実数となる ← 消去した文字の条件の確認も忘れない.

から, 求める条件は

　　$x^2 + (x-k)^2 = 1$ を満たす実数 x が存在するための k の条件である. 式を整理すると ← $-1 \leqq x \leqq 1$ は必要ない.

　　$2x^2 - 2kx + k^2 - 1 = 0$

　　判別式 $\geqq 0 \iff k^2 - 2(k^2-1) \geqq 0$

　　$\therefore \quad -\sqrt{2} \leqq k \leqq \sqrt{2}$

　　$\therefore \quad -\sqrt{2} \leqq x - y \leqq \sqrt{2}$

(1)の [別解] 2

$x-y=k$ とおき，円 $x^2+y^2=1$ と直線 $x-y-k=0$ が共有点をもつための k の条件を求める．

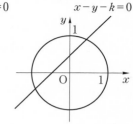

中心と直線との距離 $\leqq$ 半径

$$\Longleftrightarrow \frac{|0-0-k|}{\sqrt{1^2+(-1)^2}}\leqq 1$$

$$\Longleftrightarrow |k|\leqq\sqrt{2}$$

$$\therefore\quad -\sqrt{2}\leqq k\leqq\sqrt{2}$$

$$\therefore\quad -\sqrt{2}\leqq x-y\leqq\sqrt{2}$$

$2°$　(2)の [別解]

$\dfrac{y}{2+x}=m$ とおくと

$$y=m(x+2)\quad(\text{ただし，}x \neq -2)$$

であり，円 $x^2+y^2=1$ と直線 $mx-y+2m=0$ が共有点をもつための m の条件を求める．

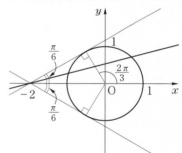

中心と直線との距離 $\leqq$ 半径

$$\Longleftrightarrow \frac{|0-0+2m|}{\sqrt{m^2+(-1)^2}}\leqq 1$$

$$\Longleftrightarrow 4m^2\leqq m^2+1$$

$$\therefore\quad -\frac{1}{\sqrt{3}}\leqq m\leqq\frac{1}{\sqrt{3}}$$

$$\therefore\quad -\frac{1}{\sqrt{3}}\leqq\frac{y}{2+x}\leqq\frac{1}{\sqrt{3}}$$

・ m は点 $(-2,\ 0)$ を通る直線の傾きであり，円 $x^2+y^2=1$ の接線と x 軸とのなす角を考えて

$$-\tan\frac{\pi}{6}\leqq m\leqq\tan\frac{\pi}{6}\quad\therefore\quad -\frac{1}{\sqrt{3}}\leqq\frac{y}{2+x}\leqq\frac{1}{\sqrt{3}}$$

としてもよい．

20 条件付き2変数関数の値域（対称式）

実数 x, y について，関係式 $x^2+xy+y^2=3$ が成り立つとする．次の各式のとり得る値の範囲を求めよ．

(1) $x+y$

(2) x^2+y^2+x+y

（防衛大・改）

 登場する式はすべて対称式です．どの式も基本対称式 $x+y$，xy で表すことができます．

← 対称式とは，x, y を入れ替えても変化しない式のことです．

$x+y=s$, $xy=t$ とおくと，

$\begin{cases} x+y=s \\ xy=t \end{cases}$

$\iff$ x, y は $X^2-sX+t=0$ の解である

← 大切な言い換えである．

により x, y の連立方程式を2次方程式の話に置き換えることができます．さらに，本問では，**x, y は実数である**という条件があります．この条件を忘れないようにしましょう．

解 答

(1) $x+y=s$, $xy=t$ ……① とおくと，与えられた関係式は

← 対称式を扱うときの常套手段．

$x^2+xy+y^2=3$

$(x+y)^2-xy=3$

$\therefore$ $s^2-t=3$

$\therefore$ $t=s^2-3$ ……②

①より x, y は2次方程式

$X^2-sX+t=0$

← 解と係数の関係

$X^2-sX+s^2-3=0$ （$\because$ ②）

の解である．x, y は実数であるから

判別式 $\geqq 0$ $\iff$ $s^2-4(s^2-3)\geqq 0$

← この条件を忘れない．

$12-3s^2\geqq 0$ $\therefore$ $-2\leqq s\leqq 2$ ……③

$\therefore$ $-2\leqq x+y\leqq 2$

(2)　与えられた式を s, t で表すと

$$x^2+y^2+x+y$$
$$=(x+y)^2-2xy+(x+y)$$
$$=s^2-2t+s \quad (\because ①)$$
$$=s^2-2(s^2-3)+s \quad (\because ②)$$
$$=-s^2+s+6$$
$$=-\left(s-\frac{1}{2}\right)^2+\frac{25}{4}$$

$Y=-s^2+s+6$ として，③の範囲でグラフをかく
と右図となる．

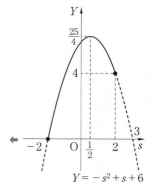

$$\therefore \quad 0\leqq x^2+y^2+x+y\leqq\frac{25}{4}$$

講 究　　$x+y=s$ とおき，与えられた関係式と連立して実数 x, y が存在する条件を求めてもよい．これは 1 文字消去の方針と同じである．

(1)　$\begin{cases} x^2+xy+y^2=3 \\ x+y=s \end{cases} \iff \begin{cases} y=s-x \\ x^2+x(s-x)+(s-x)^2=3 \quad \cdots\cdots ④ \end{cases}$

s は実数であり，x が実数ならば y も実数であるから

　　④を満たす実数 x が存在するための s の条件

を求めればよい．

　　④ $\iff x^2-sx+s^2-3=0 \quad \cdots\cdots ⑤$

ここから先は**解答**(1)と同じである．

(2)　　x^2+y^2+x+y
$$=x^2+(s-x)^2+x+(s-x)$$
$$=2x^2-2sx+s^2+s$$
$$=2(sx-s^2+3)-2sx+s^2+s \quad (\because ⑤)$$
$$=-s^2+s+6$$

ここから先は**解答**(2)と同じである．

21　2変数関数の最大・最小

以下の問いに答えよ.

(1)　x, y の関数 $P=x^2+3y^2+4x-6y+2$ の最小値を求めよ. また, その
ときの x, y の値を示せ.

(2)　$0\leqq x\leqq3$, $0\leqq y\leqq3$ のとき, (1)の関数 P の最大値および最小値を求めよ.
また, それぞれの場合の x, y の値を示せ.

(3)　x, y の関数 $Q=x^2-6xy+10y^2-2x+2y+2$ の最小値を求めよ. また,
そのときの x, y の値を示せ.

(4)　$0\leqq x\leqq3$, $0\leqq y\leqq3$ のとき, (3)の関数 Q の最大値および最小値を求めよ.
また, それぞれの場合の x, y の値を示せ.

(豊橋技科大・改)

精　講　18〜20とは異なり, 1変数関数に帰着
できないものを扱います.

2変数関数 $f(x, y)$ の最小値を求めるには,

> **まず一方の y を固定**し, x を動かして, 最小値
> $m(y)$ を求める. ついで, 固定してあった y を動
> かして $m(y)$ の最小値を求める.
>
> このようにして得られた $m(y)$ の最小値が
> $f(x, y)$ の最小値である.

←固定するのは x でもよい.
どちらを固定するかは式の形
で決める.

←最大値の求め方も同様です.

この流れはスポーツで予選, 決勝を行い優勝者を決
める(**予選・決勝法**)という過程に似ています.

また, 最小値とは関数のとり得る値の最小な値です.
厳密にいうと

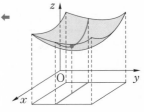

> m が関数 $f(x, y)$ の**最小値であるとは**
> (ⅰ)　定義域内の任意の x, y に対して
> 　$f(x, y)\geqq m$ が成り立つ.
> (ⅱ)　定義域内に $f(x, y)=m$ となる (x, y) が存
> 在する.
> のいずれもが成り立つことである.

←$f(x, y)$ は m より小さくな
ることはない.

←$f(x, y)=m$ となることが
ある.

←最大値についても同様です.

これを利用して解くこともできます.

←**講究**

解　答

(1)　y を固定すると，P は x の関数であり

$$P=(x+2)^2+3y^2-6y-2 \quad \cdots\cdots ①$$

←x を固定して，P を y の関数とみてもよい.

①は $x=-2$ のとき最小となり，最小値 $m_P(y)$ は

$$m_P(y)=3y^2-6y-2$$
$$=3(y-1)^2-5$$

←最小値の予選.

である．ついで，y を動かすと，$m_P(y)$ は $y=1$ のとき最小値 -5 をとる.

←最小値の決勝.

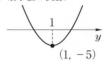

$(1,\ -5)$

　　よって，P は $(x,\ y)=$ **(−2, 1)** のとき**最小値 −5** をとる.

(2)　・最大値について：

　　y を固定し，x を $0\le x\le 3$ の範囲で動かすと，P は①より $x=3$ のとき最大となり，最大値 $M_P(y)$ は

$$M_P(y)=3y^2-6y+23$$
$$=3(y-1)^2+20$$

←最大値の予選.
対称軸は $x=-2$ なので $x=3$ で最大となる.

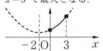

である．ついで，y を $0\le y\le 3$ の範囲で動かすと，$M_P(y)$ は $y=3$ のとき最大値 32 をとる.

←最大値の決勝.
対称軸から最も遠いところで最大となる.

　　よって，P は $(x,\ y)=$ **(3, 3)** のとき**最大値 32** をとる.

　・最小値について：

　　y を固定し，x を $0\le x\le 3$ の範囲で動かすと，P は①より $x=0$ のとき最小となり，最小値 $m_P(y)$ は

$$m_P(y)=3y^2-6y+2$$
$$=3(y-1)^2-1$$

←最小値の予選.
対称軸は $x=-2$ なので $x=0$ で最小となる.

である．ついで，y を $0\le y\le 3$ の範囲で動かすと，$m_P(y)$ は $y=1$ のとき最小値 -1 をとる.

←最小値の決勝.

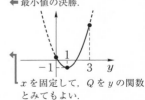

　　よって，P は $(x,\ y)=$ **(0, 1)** のとき**最小値 −1** をとる.

(3)　y を固定すると，Q は x の関数であり

$$Q=x^2-2(3y+1)x+10y^2+2y+2$$
$$=(x-3y-1)^2+y^2-4y+1 \quad \cdots\cdots ②$$

x を固定して，Q を y の関数とみてもよい.

②は $x=3y+1$ のとき最小となり，最小値 $m_Q(y)$ は

←最小値の予選.

$$m_Q(y)=y^2-4y+1$$
$$=(y-2)^2-3$$

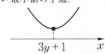

である．ついで，y を動かすと，$m_Q(y)$ は $y=2$ のとき最小値 -3 をとる．

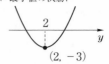

◀最小値の決勝．

よって，Q は

$$\begin{cases} x=3y+1 \\ y=2 \end{cases}$$

すなわち，$(x, y)=(7, 2)$ のとき**最小値 -3** をとる．

(4)　•最大値について：

◀最大値・最小値を分けて求める．

$y(0\leqq y\leqq 3)$ を固定すると，$3y+1$ は

$$1\leqq 3y+1\leqq 10$$

の範囲にある定数である．

x は $0\leqq x\leqq 3$ の範囲で動くから，②の対称軸 $x=3y+1$ が，$0\leqq x\leqq 3$ の中点 $x=\dfrac{3}{2}$ の左側にあるか右側にあるかで場合分けして，最大値 $M_Q(y)$ を求め，ついで，y を動かして $M_Q(y)$ の最大値を求める．

(ⅰ)　$1\leqq 3y+1\leqq \dfrac{3}{2}$ $\left(0\leqq y\leqq \dfrac{1}{6}\right)$ のとき

◀対称軸が中点の左側にあるとき．

Q は $x=3$ で最大となり，$M_Q(y)$ は

$$\begin{aligned} M_Q(y)&=9-6(3y+1)+10y^2+2y+2 \\ &=10y^2-16y+5 \\ &=10\left(y-\dfrac{4}{5}\right)^2-\dfrac{7}{5} \end{aligned}$$

◀最大値の予選．
対称軸から最も遠いところで最大となる．

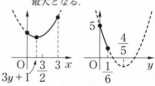

ついで，y を $0\leqq y\leqq \dfrac{1}{6}$ の範囲で動かすと，

$M_Q(y)$ は $y=0$ のとき最大値 5 をとる．

◀最大値の準決勝．

(ⅱ)　$\dfrac{3}{2}\leqq 3y+1\leqq 10$ $\left(\dfrac{1}{6}\leqq y\leqq 3\right)$ のとき

◀対称軸が中点の右側にあるとき．

Q は $x=0$ で最大となり

$$\begin{aligned} M_Q(y)&=10y^2+2y+2 \\ &=10\left(y+\dfrac{1}{10}\right)^2+\dfrac{19}{10} \end{aligned}$$

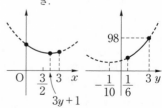

ついで，y を $\dfrac{1}{6}\leqq y\leqq 3$ の範囲で動かすと，

$M_Q(y)$ は $y=3$ のとき最大値 98 をとる．

◀最大値の準決勝．

(ⅰ)，(ⅱ)より，P は $(x, y)=(0, 3)$ のとき**最大値 98** をとる．

◀最大値の決勝．

・最小値について：

②の対称軸 $x=3y+1$ が $0\leqq x\leqq 3$ の中にあるか

その右側かで場合分けして，最小値 $m_Q(y)$ を求め，

ついで，y を動かして $m_Q(y)$ の最小値を求める.

◀ $3y+1\geqq 1>0$ より対称軸が左側にあることはない.

(ⅰ) $1\leqq 3y+1\leqq 3$ $\left(0\leqq y\leqq \dfrac{2}{3}\right)$ のとき

　Q は $x=3y+1$ で最小となり，$m_Q(y)$ は

◀ 最小値の予選.

$$m_Q(y)=y^2-4y+1$$
$$=(y-2)^2-3$$

ついで，y を $0\leqq y\leqq \dfrac{2}{3}$ の範囲で動かすと，

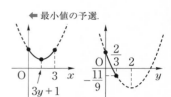

$m_Q(y)$ は $y=\dfrac{2}{3}$ のとき

◀ 対称軸に最も近いところで最小となる.

最小値 $\left(\dfrac{2}{3}-2\right)^2-3=-\dfrac{11}{9}$

をとる.

◀ 最小値の準決勝.

(ⅱ) $3\leqq 3y+1\leqq 10$ $\left(\dfrac{2}{3}\leqq y\leqq 3\right)$ のとき

　Q は $x=3$ で最小となり，$m_Q(y)$ は

◀ 最小値の予選.

$$m_Q(y)=10\left(y-\dfrac{4}{5}\right)^2-\dfrac{7}{5}$$

ついで，y を $\dfrac{2}{3}\leqq y\leqq 3$ の範囲で動かすと，

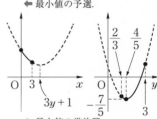

$m_Q(y)$ は $y=\dfrac{4}{5}$ のとき最小値 $-\dfrac{7}{5}$ をとる.

(ⅰ), (ⅱ)の最小値を比較すると

◀ 最大値の準決勝.

$$-\dfrac{7}{5}<-\dfrac{11}{9}$$

◀ $-\dfrac{7}{5}=-\dfrac{63}{45}$, $-\dfrac{11}{9}=-\dfrac{55}{45}$

(ⅰ), (ⅱ)より，Q は $(x, y)=\left(3, \dfrac{4}{5}\right)$ のとき**最小**

◀ 最小値の決勝.

値 $-\dfrac{7}{5}$ をとる.

予選・決勝法ではなく，最小値・最大値の定義を主眼とした解法をとってみる.

(1) $P=(x+2)^2+3y^2-6y-2$
$\qquad =(x+2)^2+3(y-1)^2-5 \quad \cdots\cdots ①'$

$(x+2)^2\geqq 0$ かつ $(y-1)^2\geqq 0$ であるから，

$P\geqq -5$ である.

←P は -5 より小さくなることはない.

また，等号が成り立つのは

$\begin{cases} x+2=0 \\ y-1=0 \end{cases}$

すなわち，$(x,\ y)=(-2,\ 1)$ のときである.

←$P=-5$ となる $(x,\ y)$ が存在する.

よって，P は $(x,\ y)=(-2,\ 1)$ のとき最小値 -5 をとる.

(2) $\qquad 0\leqq x\leqq 3$ より $4\leqq (x+2)^2\leqq 25$

$\qquad 0\leqq y\leqq 3$ より $0\leqq (y-1)^2\leqq 4$

である.

・最大値について：

$\qquad P\leqq 25+3\cdot 4-5=32$

←P は 32 より大きくなることはない.

等号が成り立つのは

$\begin{cases} (x+2)^2=25 \\ (y-1)^2=4 \end{cases}$ かつ $\begin{cases} 0\leqq x\leqq 3 \\ 0\leqq y\leqq 3 \end{cases}$

より，$(x,\ y)=(3,\ 3)$ のとき成立する.

←$P=32$ となる $(x,\ y)$ が存在する.

よって，P は $(x,\ y)=(3,\ 3)$ のとき最大値 32 をとる.

・最小値について：

$\qquad P\geqq 4+3\cdot 0-5=-1$

←P は -1 より小さくなることはない.

等号が成り立つのは

$\begin{cases} (x+2)^2=4 \\ (y-1)^2=0 \end{cases}$ かつ $\begin{cases} 0\leqq x\leqq 3 \\ 0\leqq y\leqq 3 \end{cases}$

より，$(x,\ y)=(0,\ 1)$ のとき成立する.

←$P=-1$ となる $(x,\ y)$ が存在する.

よって，P は $(x,\ y)=(0,\ 1)$ のとき最小値 -1 をとる.

(3) $\qquad Q=(x-3y-1)^2+y^2-4y+1$
$\qquad\quad =(x-3y-1)^2+(y-2)^2-3$

$(x-3y-1)^2\geqq 0$ かつ $(y-2)^2\geqq 0$ であるから，

$Q\geqq -3$ である.

←Q は -3 より小さくなることはない.

また，等号が成り立つのは

$\begin{cases} x-3y-1=0 \\ y-2=0 \end{cases}$

より，$(x, y)=(7, 2)$ のとき成立する.

よって，Q は $(x, y)=(7, 2)$ のとき最小値 -3

をとる.

← $Q=-3$ となる (x, y) が存在する.

(4)　$0 \leqq x \leqq 3$ かつ $0 \leqq y \leqq 3$ より

$$0-3 \cdot 3-1 \leqq x-3y-1 \leqq 3-3 \cdot 0-1$$
$$\therefore \quad -10 \leqq x-3y-1 \leqq 2 \quad \therefore \quad 0 \leqq (x-3y-1)^2 \leqq 100$$

また　　$0 \leqq (y-2)^2 \leqq 4$

であることに注意すると

• 最大値について：

　　　　$Q \leqq 100+4-3=101$

等号が成り立つのは

$$\begin{cases} (x-3y-1)^2=100 \\ (y-2)^2=4 \end{cases} \quad \text{かつ} \quad \begin{cases} 0 \leqq x \leqq 3 \\ 0 \leqq y \leqq 3 \end{cases}$$

のときである．前半より，$(x, y)=(23, 4), (3, 4), (11, 0), (-9, 0)$ を
得るが，どれも後半の条件を同時には満たしていない.

　すなわち，**この方針では最大値は求められない**.

• 最小値について：

　　　　$Q \geqq 0+0-3=-3$

等号が成り立つのは

$$\begin{cases} (x-3y-1)^2=0 \\ (y-2)^2=0 \end{cases} \quad \text{かつ} \quad \begin{cases} 0 \leqq x \leqq 3 \\ 0 \leqq y \leqq 3 \end{cases}$$

のときである．前半より，$(x, y)=(7, 2)$．これは後半の条件を満たさない.

すなわち，**この方針では最小値は求められない**.

(4)は**解答の方針（予選・決勝法）**にもどることになる.

22 　領域における最大・最小（共有点条件）

連立不等式

$$\begin{cases} 3x+2y \leqq 22 \\ x+4y \leqq 24 \\ x \geqq 0 \\ y \geqq 0 \end{cases}$$

の表す座標平面上の領域を D とする．点 (x, y) が領域 D を動くとき，以下の問いに答えよ．

(1)　$x+y$ の最大値，および，その最大値を与える x，y の値を求めよ．

(2)　$2x+y$ の最大値，および，その最大値を与える x，y の値を求めよ．

(3)　a を正の実数とするとき，$ax+y$ の最大値を求めよ．

(山形大・改)

精 講　値域から最大値を読み取りましょう．

$x+y$ が k という値をとる

$\iff x+y=k$ を満たす点 (x, y) が領域 D に存在する

$\iff$ 直線 $x+y=k$ と領域 D が共有点をもつ

← 値域の求め方を確認してください．15 参照．

ということですから，$x+y$ の最大値を求めるということは，**直線 $y=-x+k$ と領域 D が共有点をもつときの y 切片 k の最大値を求める**ということです．

傾きが一定値 -1 の直線を動かしながら y 切片の最大値を求めましょう．

解 答

$$\begin{cases} 3x+2y=22 & \cdots\cdots ① \\ x+4y=24 & \cdots\cdots ② \end{cases}$$

を解くと，$(x, y)=(4, 5)$ であるから，領域 D は右図の斜線部分となる．境界も含む．

(1)　$x+y=k$ ……③ とおき，直線③と領域 D が共有点をもつときの k の最大値を求める．

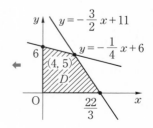

3 直線①，②，③のそれぞれの傾き

$$-\frac{3}{2},\ -\frac{1}{4},\ -1 \ を比較すると$$

　　①の傾き ＜ ③の傾き ＜ ②の傾き

であるから，k すなわち $x+y$ は

　　$(x,\ y)=(4,\ 5)$ のとき，最大値 **9**

をとる.

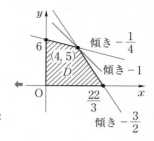

(2)　$2x+y=k$ ……④ とおき，直線④と領域 D が
　　共有点をもつときの k の最大値を求める.

　　　　④の傾き ＜ ①の傾き ＜ ②の傾き

　　であるから，k すなわち $2x+y$ は

$$(x,\ y)=\left(\frac{22}{3},\ 0\right)\ のとき，最大値\ \frac{44}{3}$$

　　をとる.

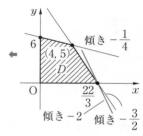

(3)　$ax+y=k$ ……⑤ とおき，直線⑤と領域 D が
　　共有点をもつときの k の最大値を求める.

　　a は正の実数であるから，2 直線①，②の傾き

　　$-\dfrac{3}{2},\ -\dfrac{1}{4}$ と直線⑤の傾き $-a(-a<0)$ との大小

　　で場合分けすると，k は

◆(1), (2)は(3)の準備問題であった.

・$-\dfrac{1}{4}\leqq-a$ のとき，$(x,\ y)=(0,\ 6)$ を通るとき
　　に最大となる.

・$-\dfrac{3}{2}\leqq-a\leqq-\dfrac{1}{4}$ のとき，$(x,\ y)=(4,\ 5)$ を
　　通るときに最大となる.

・$-a\leqq-\dfrac{3}{2}$ のとき，$(x,\ y)=\left(\dfrac{22}{3},\ 0\right)$ を通ると
　　きに最大となる.

よって，$ax+y$ の最大値は

$$\begin{cases} 6 & \left(0<a\leqq\dfrac{1}{4}\ のとき\right) \\[3mm] 4a+5 & \left(\dfrac{1}{4}\leqq a\leqq\dfrac{3}{2}\ のとき\right) \\[3mm] \dfrac{22}{3}a & \left(\dfrac{3}{2}\leqq a\ のとき\right) \end{cases}$$

をとる.

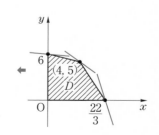

23 領域における最大・最小(変数変換)

> 2次関数 $f(x)=x^2-2ax+4b$ (a, bは定数) は不等式
>
> $0 \leqq f(0) \leqq 8$, $1 \leqq f(1) \leqq 5$
>
> を満たしている.
>
> $f(x)$ の最小値 m の最大値, およびそのときの a, b の値を求めよ.
>
> (中央大・改)

精 講　　与えられた不等式は a, b の不等式であり, ab 平面で平行四辺形の周および内部を表します. また, 2次関数 $f(x)$ の最小値 m も a, b の関数となるので, 本問は点 (a, b) が平行四辺形の周および内部を動くときの m の最大値を求める問題となります.

← 領域における最大・最小

共有点条件より値域を調べてもよいし, 2変数の最大・最小問題の基本である**予選・決勝法**を用いてもよいでしょう.

ただし, 予選・決勝法を用いる場合, このままではどちらの文字を固定しても変域が扱いにくいです. 実際, (a, b) の動く領域は

$$\begin{cases} 0 \leqq b \leqq 2 \\ 0 \leqq -a+2b \leqq 2 \end{cases}$$

と整理されるので

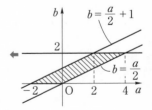

- b を $0 \leqq b \leqq 2$ の範囲で固定すると, a の動く範囲は

$$2b-2 \leqq a \leqq 2b$$

- a を $-2 \leqq a \leqq 4$ の範囲で固定すると, b の動く範囲は

$$\begin{cases} -2 \leqq a \leqq 0 \text{ のとき} \quad 0 \leqq b \leqq \dfrac{a}{2}+1 \\[2mm] 0 \leqq a \leqq 2 \text{ のとき} \quad \dfrac{a}{2} \leqq b \leqq \dfrac{a}{2}+1 \\[2mm] 2 \leqq a \leqq 4 \text{ のとき} \quad \dfrac{a}{2} \leqq b \leqq 2 \end{cases}$$

といった具合です. どちらも1つの文字の変域が, もう1つの文字で表されることになります.

しかし，$c=-a+2b$ **とおくと** b, c **の変域は**

$$\begin{cases} 0 \leq b \leq 2 \\ 0 \leq c \leq 2 \end{cases}$$

← 変数変換

となって b, c は独立した変数になり，扱いやすくなります．

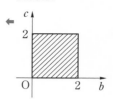

解　答

解答1　$f(x)=x^2-2ax+4b$　より

$$\begin{cases} 0 \leq f(0) \leq 8 \\ 1 \leq f(1) \leq 5 \end{cases}$$

$$\iff \begin{cases} 0 \leq 4b \leq 8 \\ 1 \leq 1-2a+4b \leq 5 \end{cases} \quad \cdots\cdots (*)$$

$$\iff \begin{cases} 0 \leq b \leq 2 \\ \dfrac{a}{2} \leq b \leq \dfrac{a}{2}+1 \end{cases}$$

　この不等式を満たす領域 D を ab 平面に図示すると右図の斜線部分となる．境界も含む．

　また，$f(x)=(x-a)^2+4b-a^2$ より，$f(x)$ は $x=a$ のとき最小となり，最小値 m は

$$m=4b-a^2$$

である．放物線 $b=\dfrac{a^2}{4}+\dfrac{m}{4}$ $\cdots\cdots$ ① と領域 D が共有点をもつときの m の最大値を求める．

　放物線①と直線 $b=\dfrac{a}{2}+1$ が接するときの (a, b) を求める．連立すると

$$\dfrac{a^2}{4}+\dfrac{m}{4}=\dfrac{a}{2}+1$$

$$a^2-2a+m-4=0$$

接する $\iff$ 判別式$=0$ であるから

$$(-1)^2-(m-4)=0 \quad \therefore \quad m=5$$

このとき

$$a^2-2a+1=0 \quad \therefore \quad a=1$$

$$\therefore \quad b=\dfrac{1}{2}+1=\dfrac{3}{2}$$

← 頂点 $\left(0, \dfrac{m}{4}\right)$ ができる限り上方にくるように放物線①を動かして，m の最大値を求める．

← 微分を利用してもよい．

$$\left(\dfrac{a^2}{4}+\dfrac{m}{4}\right)'=\dfrac{1}{2}$$

より，$\dfrac{a}{2}=\dfrac{1}{2}$ $\therefore$ $a=1$

$\therefore$ $b=\dfrac{1}{2}+1=\dfrac{3}{2}$

$\therefore$ $m=4\cdot\dfrac{3}{2}-1^2=5$

$(a,\ b)=\left(1,\ \dfrac{3}{2}\right)$ は領域 D 内の点であるから，m は　　←この確認を忘れてはならない．

$(a,\ b)=\left(1,\ \dfrac{3}{2}\right)$ のとき最大値 5

をとる．

解答 2

$$(*) \iff \begin{cases} 0\leqq b\leqq 2 \\ 0\leqq -a+2b\leqq 2 \end{cases}$$

であり，$c=-a+2b$ とおくと，$(*)$ は　　←変数の置き換え．

$$\begin{cases} 0\leqq b\leqq 2 \\ 0\leqq c\leqq 2 \end{cases}$$

である．このとき，$f(x)=(x-a)^2+4b-a^2$ より，
$f(x)$ の最小値 m は

$$m=4b-a^2=4b-(2b-c)^2$$

←m は b，c の 2 変数関数であり，共有点条件は避けたい．

である．b を固定すると，m は c の 2 次関数である．

$$m(c)=-(c-2b)^2+4b$$

←上に凸な 2 次関数．

対称軸 $c=2b$ が定義域 $0\leqq c\leqq 2$ の中にあるか否か
で場合分けする．$0\leqq 2b\leqq 4$ であることに注意すると

←c を固定し，m を b の関数とみることもできる．このときは場合分けが不要である．

講究

(i) $0\leqq 2b\leqq 2$ $(0\leqq b\leqq 1)$ のとき

$\quad m(c)$ の最大値 $=m(2b)=4b$　　←最大値の予選

ついで，b を $0\leqq b\leqq 1$ の範囲で動かすと

$\quad m(c)$ は $b=1$ のとき，最大値 $4\cdot 1=4$　　←最大値の準決勝

をとる．

(ii) $2\leqq 2b\leqq 4$ $(1\leqq b\leqq 2)$ のとき

$\quad m(c)$ の最大値 $=m(2)$

$\quad =-(2-2b)^2+4b$

$\quad =-4b^2+12b-4$

$\quad =-4\left(b-\dfrac{3}{2}\right)^2+5$　　←最大値の予選

ついで，b を $1\leqq b\leqq 2$ の範囲で動かすと

$\quad m(c)$ は $b=\dfrac{3}{2}$ のとき，最大値 5　　←最大値の準決勝

をとる．

(i)，(ii)の最大値を比較すると，m は　　←最大値の決勝

$(c,\ b)=\left(2,\ \dfrac{3}{2}\right)$，すなわち

$(a,\ b)=\left(1,\ \dfrac{3}{2}\right)$ のとき，m は最大値 5　　　　$\Leftarrow a=-c+2b$

をとる.

講 究　　**解答 2** で，最初に c を固定すると次のようになる．（結果的に，場合分けがなく，こちらの方が楽である．）

$$m(b)=4b-(2b-c)^2$$
$$=-4b^2+4(c+1)b-c^2$$
$$=-4\left(b-\dfrac{c+1}{2}\right)^2+2c+1$$

$\begin{cases}0\leqq b\leqq 2 \\ 0\leqq c\leqq 2\end{cases}$ であるから，$\dfrac{1}{2}\leqq\dfrac{c+1}{2}\leqq\dfrac{3}{2}$ であり，対称軸 $b=\dfrac{c+1}{2}$ は定義域 $0\leqq b\leqq 2$ の中にあるから $m(b)$ は

$b=\dfrac{c+1}{2}$ のとき最大値 $2c+1$　　　　$\Leftarrow$ 最大値の予選

をとる.

ついで，c を $0\leqq c\leqq 2$ の範囲で動かすと，

$c=2$ のとき最大値 $2\cdot 2+1=5$　　　　$\Leftarrow$ 最大値の決勝

をとる.

よって，m は $(c,\ b)=\left(2,\ \dfrac{3}{2}\right)$，すなわち　　　$\Leftarrow b=\dfrac{c+1}{2}$

$(a,\ b)=\left(1,\ \dfrac{3}{2}\right)$ のとき，m は最大値 5　　　　$\Leftarrow a=-c+2b$

をとる.

第 3 章 軌跡と領域

24 二等分線

次の問いに答えよ.

(1) 2点 A(2, 4), B(4, 2) から等距離にある点の軌跡の方程式を求めよ.

(愛媛大・改)

(2) 2直線 $8x - y = 0$ と $4x + 7y - 2 = 0$ から等距離にある点の軌跡の方程式を求めよ.

(東京薬大・改)

精 講 与えられた条件を満たす点が描く図形(点全体の集合)を, その条件を満たす点の**軌跡**といいます.

点Pの軌跡が図形Fであるということは, 次の2条件を満たすということです.

(I) 与えられた条件を満たす点Pが図形Fの上にある.

(II) 図形F上の任意の点Pは与えられた条件を満たす.

← Fは必要条件である.

← Fは十分条件である.

(I)だけでは, Fの上にあるというだけで, F全体が求める軌跡かどうかわかりません. 余分な点が含まれているかもしれません. また, (II)だけでは, F以外の点で与えられた条件を満たす点が存在するかもしれません.

軌跡を求めるには, **幾何的解法**(初等幾何)と**解析幾何的解法**(図形と方程式, ベクトル)があります.

幾何的解法のときは, (I)だけ, あるいは(II)だけで終わることがないように注意しましょう.

解析幾何的解法のときは, 与えられた条件を

正しく立式したか,

式変形が**同値変形**であるか

に注意しましょう. うかつに2乗したり, 割ったりすると式の同値性が崩れることがあります.

← 幾何的解法はヒラメキが多少必要ですが, 解析幾何的解法は計算だけで済ませることができます.
両方とも大切な解法です.

同値な式変形をしているならば，もちろん逆の証明 ← 同値変形の威力に感嘆!!
(Ⅱ)は必要ありません.

解 答

(1) 2 点 A$(2, 4)$，B$(4, 2)$ から等距離にある点Pの
座標を (x, y) とおくと

$$AP = BP$$

← 与えられた条件を定式化して
同値変形していく.

$$\Longleftrightarrow AP^2 = BP^2$$

$A \geqq 0$，$B \geqq 0$ のとき
$A = B \Longleftrightarrow A^2 = B^2$

$$\Longleftrightarrow (x-2)^2 + (y-4)^2 = (x-4)^2 + (y-2)^2$$

式を整理すると

$$-4x - 8y = -8x - 4y$$

$$\therefore \quad \boldsymbol{y = x}$$

(2) 2 直線 $8x - y = 0$ と $4x + 7y - 2 = 0$ から等距離
にある点Pの座標を (x, y) とおくと

$$\frac{|8x-y|}{\sqrt{8^2+(-1)^2}} = \frac{|4x+7y-2|}{\sqrt{4^2+7^2}}$$

← 点 (x_0, y_0) と直線
$ax + by + c = 0$ の距離は
$$\frac{|ax_0+by_0+c|}{\sqrt{a^2+b^2}}$$

$$\Longleftrightarrow |8x-y| = |4x+7y-2|$$

$$\Longleftrightarrow 8x - y = \pm(4x+7y-2)$$

← A，B が実数のとき
$|A| = |B| \Longleftrightarrow A = \pm B$

$$\therefore \quad \boldsymbol{2x - 4y + 1 = 0, \quad 6x + 3y - 1 = 0}$$

講 究   1° 直線という図形を確認しておく.
    直線には 2 つの定義がある.

(Ⅰ) **異なる 2 点 A，B を結ぶ線分およびその延長線上の点の集合を直線とい
う**. すなわち，直線 AB とは

$$\overrightarrow{AP} = t\overrightarrow{AB} \quad \cdots\cdots \quad ①$$

を満たす実数 t が存在するような点Pの集合である．A，B，P の座標をそ
れぞれ (x_1, y_1)，(x_2, y_2)，(x, y) とすると

$$① \Longleftrightarrow \begin{pmatrix} x-x_1 \\ y-y_1 \end{pmatrix} = t\begin{pmatrix} x_2-x_1 \\ y_2-y_1 \end{pmatrix} \Longleftrightarrow \begin{cases} x-x_1 = t(x_2-x_1) \\ y-y_1 = t(y_2-y_1) \end{cases}$$

$x_2 - x_1 \neq 0$ のとき，任意の実数 x に対し $t = \dfrac{x-x_1}{x_2-x_1}$ が存在し，第 2 式は

$$y - y_1 = \frac{x-x_1}{x_2-x_1}(y_2-y_1)$$

である． $m = \dfrac{y_2-y_1}{x_2-x_1}$ とおくと(これを直線 AB の**傾き**とよぶ)，直線 AB
の方程式

$$y - y_1 = m(x - x_1)$$

が得られる.

$x_2 - x_1 = 0$ のとき,

$$① \iff \begin{cases} x - x_1 = 0 \\ y - y_1 = t(y_2 - y_1) \end{cases}$$

A, B は異なるから $y_2 - y_1 \neq 0$ であり,任意の y に対して第2式を満たす

実数 t は $t = \dfrac{y - y_1}{y_2 - y_1}$ として存在する.直線 AB の方程式は

$$x = x_1$$　　　　　　　　　　　　⟵ y 軸と平行な直線である.

である.

(Ⅱ) **点Aまたは,$\vec{0}$ でないベクトル $\vec{n}$ に垂直なベクトル $\overrightarrow{AP}$ の終点Pからなる集合を直線という.** A の座標を $(x_0,\ y_0)$,$\vec{n} = \begin{pmatrix} a \\ b \end{pmatrix}$ とすると

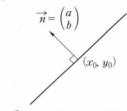

$$\overrightarrow{AP} = \vec{0}\ \text{または}\ \vec{n} \perp \overrightarrow{AP}$$
$$\iff \vec{n} \cdot \overrightarrow{AP} = 0$$
$$\iff \begin{pmatrix} a \\ b \end{pmatrix} \cdot \begin{pmatrix} x - x_0 \\ y - y_0 \end{pmatrix} = 0$$
$$\therefore\ a(x - x_0) + b(y - y_0) = 0$$

この式は $c = -ax_0 - by_0$ とおくと

$$ax + by + c = 0$$

⟵ $\vec{n}$ を直線の**法線ベクトル**という.

とかき直される.これを**直線の一般式**という.

2° **解答**は解析幾何的解法をとった.ここでは,幾何的解法を示しておく.

(1) 2定点 A, B に対し,線分 AB の中点をMとする.

(Ⅰ) 点Pが PA=PB を満たすならば,

　　　P=M または △PAM ≡ △PBM
　　　∴ P=M または ∠PMA = ∠PMB (=90°)

P は線分 AB の垂直二等分線上にある.

(Ⅱ) 逆に,P が線分 AB の垂直二等分線上にあるとすると

　　　P=M または △PAM ≡ △PBM
　　　∴ PA=PB

(Ⅰ), (Ⅱ)より,求める軌跡は**線分 AB の垂直二等分線**である.
これを表す方程式を求める.

線分 AB の中点は $(3,\ 3)$ で,直線 AB の傾きは $\dfrac{2-4}{4-2} = -1$ であるから,

線分 AB の垂直二等分線の方程式は

$$y = -\frac{1}{-1}(x - 3) + 3 \qquad \therefore\ y = x$$

(2)　Pから2直線 $l:8x-y=0$，$m:4x+7y-2=0$ に下ろした垂線の足をそれぞれ Q，R とし，l と m の交点をAとする.

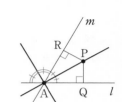

(I)　点Pが PQ=PR を満たすならば，

$$\text{P=A　または　} \triangle\text{PAQ} \equiv \triangle\text{PAR}$$

$$\therefore\quad \text{P=A　または　} \angle\text{PAQ} = \angle\text{PAR}$$

Pは l，m のなす角の二等分線上にある.

(II)　逆に，Pが l，m のなす角の二等分線上にあるとすると

$$\text{P=A　または　} \triangle\text{PAQ} \equiv \triangle\text{PAR}$$

$$\therefore\quad \text{P=A　または　PQ=PR}$$

Pと2直線 l，m の距離は等しい.

(I)，(II)より，求める軌跡は**2直線のなす角の二等分線**である.

これを表す方程式を求める.

l，m の交点は

$$\begin{cases} 8x-y=0 \\ 4x+7y-2=0 \end{cases} \qquad \therefore\quad (x,\ y)=\left(\frac{1}{30},\ \frac{4}{15}\right)$$

l の方向ベクトル $\vec{l}=\begin{pmatrix}1\\8\end{pmatrix}$ に対して，m の方向ベクトルは $\vec{m}=\pm\begin{pmatrix}7\\-4\end{pmatrix}$ とおくことができる.$|\vec{l}|=|\vec{m}|(=\sqrt{65})$ であるから，求める直線の方向ベクトルを $\vec{l}+\vec{m}$ としてよい.

$$\begin{pmatrix}1\\8\end{pmatrix}+\begin{pmatrix}7\\-4\end{pmatrix}=\begin{pmatrix}8\\4\end{pmatrix}=4\begin{pmatrix}2\\1\end{pmatrix},\quad \begin{pmatrix}1\\8\end{pmatrix}-\begin{pmatrix}7\\-4\end{pmatrix}=\begin{pmatrix}-6\\12\end{pmatrix}=6\begin{pmatrix}-1\\2\end{pmatrix}$$

より，求める直線の傾きは $\frac{1}{2}$，-2 であり，求める直線の方程式は

$$y=\frac{1}{2}\left(x-\frac{1}{30}\right)+\frac{4}{15},\quad y=-2\left(x-\frac{1}{30}\right)+\frac{4}{15}$$

$$\therefore\quad y=\frac{1}{2}x+\frac{1}{4},\quad y=-2x+\frac{1}{3}$$

$$\therefore\quad 2x-4y+1=0,\quad 6x+3y-1=0$$

第3章

25 平方の差・和が一定な点の軌跡

座標平面上に2点 A(1, 4), B(−1, 0) がある.

(1) 距離の2乗の差 AP^2-BP^2 が18である点Pの軌跡を求めよ.

(2) 距離の2乗の和 AP^2+BP^2 が18である点Pの軌跡を求めよ.

((2) 北海学園大・改)

精 講 長さの平方がでてくるので幾何的解法は避けます. 点Pの座標を (x, y) とおいて**解析的解法**をとりましょう. ◀長さの平方は面積を意味しますが…

解 答

(1) Pの座標を (x, y) とおくと

$$\text{AP}^2-\text{BP}^2=18$$
$$\Longleftrightarrow \{(x-1)^2+(y-4)^2\}-\{(x+1)^2+y^2\}=18$$
$$\Longleftrightarrow -4x-8y+16=18$$

よって, 求める軌跡は

$$直線: 2x+4y+1=0$$

である.

◀与えられた条件を式で表し, 同値変形していく.

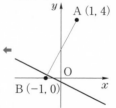

(2) Pの座標を (x, y) とおくと

$$\text{AP}^2+\text{BP}^2=18$$
$$\Longleftrightarrow \{(x-1)^2+(y-4)^2\}+\{(x+1)^2+y^2\}=18$$
$$\Longleftrightarrow 2x^2+2y^2-8y+18=18$$

よって, 求める軌跡は

$$円: x^2+(y-2)^2=4$$

である.

◀与えられた条件を式で表し, 同値変形していく.

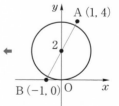

講 究 1° (1)を一般化すると

$$\text{AP}^2-\text{BP}^2=a \ (a は定数) \ \cdots\cdots ⑦$$

とおくことができる. $\text{AP}\geqq0$, $\text{BP}\geqq0$ より, $a=0$ のとき

$$\text{AP}^2-\text{BP}^2=0 \Longleftrightarrow \text{AP}-\text{BP}=0$$
$$\therefore \ \text{AP}=\text{BP}$$

これは**24**の(1)より, Pは線分 AB の垂直二等分線を描くことがわかっている. したがって, ⑦は**24**の(1)の拡張になっている.

2°　円という図形を確認しておく．円には長さを使った定義と角を使った定義の
2つの定義がある．

(I)　**定点 A から等距離 r にある点の集合を円という．**このとき A を中心，r を
半径という．A の座標を (a, b) とすると

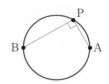

$$\mathrm{AP}=r \iff \mathrm{AP}^2=r^2$$
$$\therefore \quad (x-a)^2+(y-b)^2=r^2$$

これが円の方程式である．

　展開すると

$$x^2+y^2-2ax-2by+a^2+b^2-r^2=0$$

であり，$l=-2a$, $m=-2b$, $n=a^2+b^2-r^2$ とおくと

$$x^2+y^2+lx+my+n=0 \quad \cdots\cdots(*)$$

である．$(*)$ を**円の一般式**という．

$$\left(x+\frac{l}{2}\right)^2+\left(y+\frac{m}{2}\right)^2=\frac{l^2+m^2-4n}{4}$$

であるから，これが円であるのは $l^2+m^2-4n>0$ のときのみである．

⚠注意

　$l^2+m^2-4n=0$ のとき，$(*)$ は1点 $\left(-\dfrac{l}{2}, -\dfrac{m}{2}\right)$ であり，

　$l^2+m^2-4n<0$ のとき，$(*)$ は図形を表さない．

(II)　**異なる2点 A，B に対して，P が A，B に一致する，**
または ∠APB＝90° となる点 P の集合を円という．A，
B，P の座標をそれぞれ (x_1, y_1), (x_2, y_2), (x, y) と
すると，

$$\overrightarrow{\mathrm{AP}}=\vec{0} \ \text{または} \ \overrightarrow{\mathrm{BP}}=\vec{0} \ \text{または} \ \overrightarrow{\mathrm{AP}}\perp\overrightarrow{\mathrm{BP}}$$
$$\iff \overrightarrow{\mathrm{AP}}\cdot\overrightarrow{\mathrm{BP}}=0$$
$$\iff \begin{pmatrix} x-x_1 \\ y-y_1 \end{pmatrix}\cdot\begin{pmatrix} x-x_2 \\ y-y_2 \end{pmatrix}=0$$

であるから，この円の方程式は

$$(x-x_1)(x-x_2)+(y-y_1)(y-y_2)=0$$

である．

これは **A，B を直径の両端とする円**の方程式である．

26　角が一定な点の軌跡

次の問いに答えよ.

(1)　座標平面上に2点 A(1, -1), B(7, 7) がある. 点Pが ∠APB=90°
を満たしながら動くとき, 点Pの軌跡の方程式を求めよ.

(東北学院大・改)

(2)　座標平面上に2点 A(2, 0), B(-2, 0) がある. 点Pが, ∠APB=30°
を満たしながら動くとき, 点Pの軌跡の方程式を求めよ.　　　(日本大・改)

精 講　　角に関する考察は, **幾何的解法**が威力を
発揮します.

まずは, 円周角に関する定理を確認しておきましょ
う.

---円周角の定理-------
1つの弧に対する円周角の大きさは一定であり,
その弧に対する中心角の大きさの半分である.

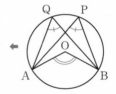

---円周角の定理の逆-------
4点 A, B, P, Q について, 点P, Qが直線
AB に関して同じ側にあって
∠APB=∠AQB
ならば, 4点 A, B, P, Q は1つの円周上にあ
る.

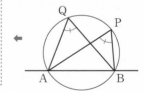

解　答

(1)　(I)　2点 A, B を直径の両端とする円を考える.
直線 AB に関してPと同じ側にある半円周上に
点Qをとると, ∠AQB=90° であるから
∠APB=∠AQB
である. 円周角の定理の逆により, Pは A, B
を直径の両端とする円周上にある. ただし, Pは
A, Bとは一致しない.

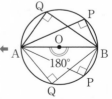

← 逆の証明も忘れないこと.

(II)　逆に, Pを A, B を直径の両端とする円周上
の点とすると(A, Bは除く), 半円の弧に対する
中心角は180° であるから, 円周角の定理より

$$\angle \mathrm{APB} = \frac{1}{2} \times 180° = 90°$$

である.

（I），（II）より，求める軌跡は A，B を直径の両端とする円である．ただし，A，B は除く．

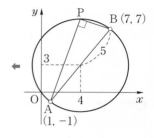

これを表す方程式は

　　線分 AB の中点が $(4,\ 3)$,

　　$\mathrm{AB} = \sqrt{(7-1)^2 + (7+1)^2} = 10$

より

$$(x-4)^2 + (y-3)^2 = 5^2,$$
$$\text{ただし，}(x,\ y) \neq (1,\ -1),\ (7,\ 7)$$

である．

(2)　直線 AB に関して一方の側で考える．

(I)　AB を底辺とし，頂角 30° の二等辺三角形 CAB をつくり，P を直線 AB に関してCと同じ側にとると

　　　　$\angle \mathrm{APB} = \angle \mathrm{ACB}$

である．円周角の定理の逆により，A，B，C，P は 1 つの円周上にある．すなわち，P は弧 ACB 上にある．ただし，A，B は除く．

(II)　逆に，P を弧 ACB 上（A，B は除く）の点とすると，円周角の定理より

　　　　$\angle \mathrm{APB} = \angle \mathrm{ACB} = 30°$

である．

（I），（II）より，Pの軌跡は弧 ACB（A，B は除く）である．

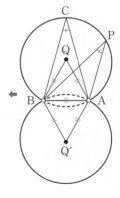

AB に関してCと反対側でも同様であるから，求める軌跡は AB を弦とする円周角 30° の 2 つの弧である．ただし，A，B は除く．

円の中心を Q，Q′ とおくと，円周角の定理より $\angle \mathrm{AQB} = \angle \mathrm{AQ'B} = 60°$ であるから，$\triangle \mathrm{QAB}$，$\triangle \mathrm{Q'AB}$ は辺の長さが $\mathrm{AB} = 4$ の正三角形であり，

　　　円の中心 Q，Q′ の座標は　$(0,\ \pm 2\sqrt{3}\,)$

　　　半径は　4

である．

求める方程式は
$$\begin{cases} x^2+(y-2\sqrt{3})^2=4^2 \\ y>0 \end{cases}$$
　または
$$\begin{cases} x^2+(y+2\sqrt{3})^2=4^2 \\ y<0 \end{cases}$$
である.

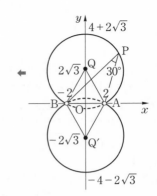

【講究】　(1)　∠APB が定義されることより,
　　　　　　　P≠A, P≠B である.
　　　　　　　P の座標を (x, y) とすると
　　　　　　　∠APB$=90°$

$\Longleftrightarrow$ AP^2＋BP^2＝AB^2

$\Longleftrightarrow$ $\{(x-1)^2+(y+1)^2\}+\{(x-7)^2+(y-7)^2\}=(7-1)^2+(7+1)^2$

$\Longleftrightarrow$ $2x^2-16x+2y^2-12y=0$

　　　　$\therefore$　$(x-4)^2+(y-3)^2=25$

ただし, P≠A, P≠B より
　　$(x, y)=(1, -1), (7, 7)$

の 2 点は除く.

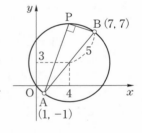

[別解] P(x, y) として, 内積を利用する. 解法として
はこれが最も簡便であろう.

　　　　　∠APB$=90°$

$\Longleftrightarrow$ $\overrightarrow{\text{AP}}\cdot\overrightarrow{\text{BP}}=0$ かつ $\overrightarrow{\text{AP}}\neq\vec{0},\ \overrightarrow{\text{BP}}\neq\vec{0}$

$\Longleftrightarrow$ $\begin{pmatrix} x-1 \\ y+1 \end{pmatrix}\cdot\begin{pmatrix} x-7 \\ y-7 \end{pmatrix}=0$ かつ $\begin{pmatrix} x \\ y \end{pmatrix}\neq\begin{pmatrix} 1 \\ -1 \end{pmatrix},\ \begin{pmatrix} 7 \\ 7 \end{pmatrix}$

　$\therefore$　$(x-1)(x-7)+(y+1)(y-7)=0$

　　　かつ $(x, y)\neq(1, -1), (7, 7)$

(2)　(1)では効力を発揮した内積であるが, 今度は同値変形がうるさい. 入口を示
しておこう.

$$\angle\text{APB}=30° \Longleftrightarrow \cos30°=\frac{\overrightarrow{\text{PA}}\cdot\overrightarrow{\text{PB}}}{|\overrightarrow{\text{PA}}||\overrightarrow{\text{PB}}|}$$

$$\Longleftrightarrow \sqrt{3}|\overrightarrow{\text{PA}}||\overrightarrow{\text{PB}}|=2\overrightarrow{\text{PA}}\cdot\overrightarrow{\text{PB}} \text{ かつ } \overrightarrow{\text{PA}}\neq\vec{0},\ \overrightarrow{\text{PB}}\neq\vec{0}$$

$$\Longleftrightarrow \begin{cases} 3|\overrightarrow{\text{PA}}|^2|\overrightarrow{\text{PB}}|^2=4(\overrightarrow{\text{PA}}\cdot\overrightarrow{\text{PB}})^2 \\ \overrightarrow{\text{PA}}\cdot\overrightarrow{\text{PB}}>0 \\ \overrightarrow{\text{PA}}\neq\vec{0},\ \overrightarrow{\text{PB}}\neq\vec{0} \end{cases}$$

$$\Longleftrightarrow \begin{cases} 3|\overrightarrow{PA}|^2|\overrightarrow{PB}|^2=4(\overrightarrow{PA}\cdot\overrightarrow{PB})^2 & \cdots\cdots ① \\ \overrightarrow{PA}\cdot\overrightarrow{PB}>0 & \cdots\cdots ② \end{cases}$$

$P(x,\ y)$ として，$\overrightarrow{PB}=\begin{pmatrix}2-x\\-y\end{pmatrix}$，$\overrightarrow{PA}=\begin{pmatrix}-2-x\\-y\end{pmatrix}$ を①，②に代入すると，それぞれから

$①：x^2+(y\pm2\sqrt{3}\,)^2=16$　　　　　　　　　　　　　　← 少々計算する．

$②：x^2+y^2>4$

を得ることができて，**解答**と同じ結果となる．

　2直線 AP，BP のなす角として tan の加法定理を考える人もいるだろう． AP，BP と x 軸の正の向きとのなす角をそれぞれ α，β とすると

$$\angle APB=|\alpha-\beta|$$

である．これを tan で表そうとするときには，2つの注意が必要である．

　1つ目の注意は，AP，BP が y 軸と平行であるか否かの場合分けを忘れないことである．y 軸と平行なとき，直線と x 軸の正の向きとのなす角が90°であり，$\tan90°$ は定義されない．

　では，AP，BP がともに y 軸と平行でない（$x\neq\pm2$）ときを考えよう．

　このときは

$$\tan\alpha=AP \text{ の傾き}=\frac{y}{x-2},\quad \tan\beta=AQ \text{ の傾き}=\frac{y}{x+2}$$

である．

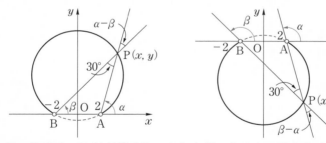

　2つ目の注意は，P が直線 AB のどちら側にあるかの場合分けを忘れないことである．あとは

$y>0$ のとき，$\tan30°=\tan(\alpha-\beta)$

$y<0$ のとき，$\tan30°=\tan(\beta-\alpha)$

を整理すればよい．y の制約をはずして

$\tan30°=\tan(\alpha-\beta),\quad \tan30°=\tan(\beta-\alpha)$

などとしてしまうと，$\angle APB$ の補角となる円弧も含まれることに注意しよう．

27 アポロニウスの円

平面上に異なる2点 A, B がある. 条件

AP : BP $= m : n$

を満たす点Pの軌跡を求めよ. ただし, m, n は正の数である.

精 講 幾何的解法と解析幾何的解法のどちらも
可能です.

← **講 究** 3°

幾何的解法をとるときは, **角の二等分線**に関する知
識が必要です.

解析幾何的解法をとるときは, 自分で**座標を設定**し
なければなりません.

座標軸の選び方は大切です. 計算の手間を省くこと
ができるように設定しましょう. 本問では,

(i) 2点 A, B で決まる直線を x 軸, AB の中点を
　原点として A$(-a, 0)$, B$(a, 0)$ とする.

(ii) 2点 A, B で決まる直線を x 軸, A を原点
　$(0, 0)$ として B$(b, 0)$ とする.

などが考えられます. ここでは(ii)を採用することにし
ます. 解法の流れを整理しておきましょう.

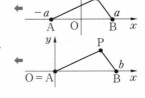

(1) 座標軸を設定する.
(2) 与えられた条件を正しく立式する.
(3) 同値変形しながら軌跡の方程式を求める.
(4) 求めた方程式を与えられた状況に合うように
　表現する.

← 自分が設定した座標軸での表
現は避けて, 問題文の言葉で
表現する.

解 答

A を原点 $(0, 0)$, 直線 AB を x 軸にとる.
AB $= b$ (>0) とすると, B の座標は $(b, 0)$ である.

AP : BP $= m : n$

$\iff n$AP $= m$BP

$\iff n^2$AP$^2 = m^2$BP^2 　……①

← $X \geqq 0$, $Y \geqq 0$ のとき
$X = Y \iff X^2 = Y^2$

Pの座標を (x, y) とすると

　　① $\iff n^2(x^2+y^2)=m^2\{(x-b)^2+y^2\}$

整理すると

　　$(m^2-n^2)(x^2+y^2)-2m^2bx+m^2b^2=0$ …… ①′

（ⅰ）$m^2-n^2=0$（$m=n$）のとき

　　①′ $\iff -m^2b(2x-b)=0$

　　$\therefore\ \ x=\dfrac{b}{2}$ 　　　　　　 …… ②

$\left(\dfrac{b}{2},\ 0\right)=\left(\dfrac{0+b}{2},\ 0\right)$ は線分 AB の中点であるか

ら，②は線分 AB の垂直二等分線である．

（ⅱ）$m^2-n^2\neq0$（$m\neq n$）のとき

　　①′ $\iff x^2+y^2-\dfrac{2m^2b}{m^2-n^2}x+\dfrac{m^2b^2}{m^2-n^2}=0$

　　　$\iff \left(x-\dfrac{m^2b}{m^2-n^2}\right)^2+y^2=\left(\dfrac{mnb}{m^2-n^2}\right)^2$

　　　　　　　　　　　　　　　　　…… ③

Pの軌跡③は

　　中心 $\left(\dfrac{m^2b}{m^2-n^2},\ 0\right)$，半径 $\dfrac{mnb}{|m^2-n^2|}$

の円である．

　③の中心は x 軸上にある．③と x 軸との交点を求

めると

　　$x=\dfrac{m^2b}{m^2-n^2}\pm\dfrac{mnb}{m^2-n^2}=\dfrac{mb(m\pm n)}{m^2-n^2}$

　　　$=\dfrac{mb}{m+n},\ \dfrac{mb}{m-n}$

$\left(\dfrac{mb}{m+n},\ 0\right)=\left(\dfrac{mb+n\cdot0}{m+n},\ 0\right)$ は AB を $m:n$ に

内分する点であり，

$\left(\dfrac{mb}{m-n},\ 0\right)=\left(\dfrac{mb-n\cdot0}{m-n},\ 0\right)$ は AB を $m:n$ に

外分する点である．

　すなわち，③は A，B を $m:n$ に内分，

外分する点を直径の両端とする円である．

← $m>0$, $n>0$

← $m>0$, $b>0$

講究 1°

← 講究 2°

← ここで止めずに A，B を用
いて軌跡を表現する．

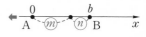

これは $m>n$ のときの図で
ある．

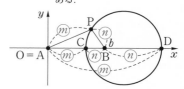

以上より，P の軌跡は

    $m=n$ のとき，**線分 AB の垂直二等分線**

    $m \neq n$ のとき，**線分 AB を $m:n$ に内分，**

              外分する点を直径の両端

              とする円

                           ← この円を**アポロニウスの円**という．**講 究** 3°

講 究　1°　$m=n$ のとき，P の軌跡が線分 AB の垂直二等分線であることは **24** (1) で扱った．**24** は座標が与えられた問題であるが，解析幾何的解法，幾何的解法の両方に触れているので，確認しておいてほしい．

2°　中心 $\left(\dfrac{m^2 b}{m^2 - n^2}, \ 0 \right)$ を E とすると，$\mathrm{E}\left(\dfrac{m^2 b - n^2 \cdot 0}{m^2 - n^2}, \ 0 \right)$ であり

$$\mathrm{AE} \cdot \mathrm{BE} = \left| \dfrac{m^2 b}{m^2 - n^2} \right| \cdot \left| \dfrac{m^2 b}{m^2 - n^2} - b \right| = \dfrac{m^2 n^2 b^2}{(m^2 - n^2)^2} = (\text{半径})^2$$

であるから，③は AB を $m^2 : n^2$ に外分する点 E を中心とする，半径 $\sqrt{\mathrm{AE} \cdot \mathrm{BE}}$ の円である．（これは，証明なしに答案の中で使うべきではない．）

3°　$m \neq n$ のときの幾何的解法を示す．まず，角の二等分線と比に関する定理を確認しておく．

角の二等分線と比

(ⅰ)　△PAB の ∠P の二等分線と対辺 AB との交点Cは AB を PA：PB に内分する．すなわち

       AC：CB＝PA：PB

(ⅱ)　PA≠PB である △PAB の頂点Pにおける外角の二等分線と対辺 AB の延長との交点Dは AB を PA：PB に外分する．すなわち

       AD：DB＝PA：PB

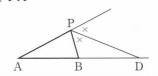

角の二等分線と比の定理の逆

    △PAB において，辺 AB を PA：PB に内分，外分する点をそれぞれ C，D とすると

(ⅰ)　PC は頂点Pにおける内角を 2 等分する．

(ⅱ)　PD は頂点Pにおける外角を 2 等分する．

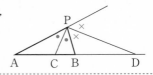

では，$m \neq n$ のときのPの軌跡（**アポロニウスの円**）を求めよう．

$m>n$，$m<n$ のいずれかであるが，いずれの場合も同様であるから $m>n$ のときを考える．

(I)　AB を $m:n$ に内分，外分する点をそれぞれ C，D とする．

　　Pが直線 AB 上にあるとき，PはCまたはDである．

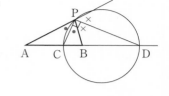

　　P が直線 AB 上にないとき，角の二等分線と比の定理の逆より，PC は頂角Pの内角の二等分線，PD は頂角Pの外角の二等分線であるから，$\angle CPD=90°$ である．

　　したがって，P は C，D を直径の両端とする円周上にある．　← **26**(1)を参照せよ．

(II)　逆に，Pが C，D を直径の両端とする円周上にあるとする．

　　PがCまたはDに一致するとき

$$AP : PB = m : n$$

を満たす．

　　Pが C，D と異なるとき，A，B から直線 DP に下ろした垂線の足をそれぞれ Q，R とする．このときBはCとDの間にある．

　　AQ∥CP∥BR より

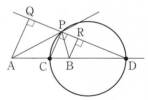

$$QP : PR = AC : CB = m : n$$
$$AQ : BR = AD : DB = m : n$$

である．

　　$\angle AQP = \angle BRP (=90°)$ でもあるから

$$\triangle AQP \backsim \triangle BRP$$

　　$\therefore$　$AP : PB = m : n$

したがって，C，D を直径の両端とする円周上の任意の点Pは

$$AP : PB = m : n$$

を満たす．

　(I)，(II)より，求める軌跡は線分 AB を $m:n$ に内分，外分する点を直径の両端とする円である．

28 放物線の定義

次の問いに答えよ.
(1) $p \neq 0$ とする. 定点 F$(0,\ p)$ と直線 $l : y = -p$ からの距離が等しい点Pの軌跡の方程式を求めよ.
(2) 座標平面上で点 F$(0,\ 2)$ を中心とする半径1の円をCとし, 円Cに外接しx軸に接する円をDとする. 円Dの中心Pが描く図形の方程式を求めよ.

((2) 津田塾大)

精 講　数学Ⅰでは2次関数 $y = ax^2 + bx + c$
のグラフを放物線とよんでいましたが,
一般に, 放物線は次のように定義されます.

平面上で, 定点FとFを通らない定直線 l からの距離が等しい点の軌跡を**放物線**といい, Fを**焦点**, lを**準線**という.

←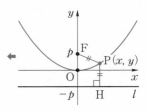

さらに, 焦点を通り, 準線に垂直な直線を放物線の**軸**, 軸と放物線の交点を**頂点**といいます.

解 答

(1) 点Pの座標を $(x,\ y)$, Pから直線 l に下ろした垂線の足をHとすると, Hの座標は $(x,\ -p)$ である.
$$\text{PF} = \text{PH}$$
$$\Longleftrightarrow \text{PF}^2 = \text{PH}^2 \quad (\because \ \text{PF} > 0, \ \text{PH} > 0)$$
$$\Longleftrightarrow x^2 + (y-p)^2 = \left| y - (-p) \right|^2$$
$$\therefore \quad x^2 = 4py$$
$p \neq 0$ より, Pの軌跡は放物線
$$x^2 = 4py$$
である.

← 放物線の方程式の**標準形**という.

(2) Pの座標を $(x,\ y)$, Dの半径を r とすると, C, Dは外接するから
$$\text{PF} = r + 1$$
である.

← 中心間の距離＝半径の和

これはPと直線 $y=-1$ との距離でもあるから，
Pの軌跡は，Fを焦点とし，直線 $y=-1$ を準線
とする放物線である．

放物線の頂点の y 座標は

$$\frac{2+(-1)}{2}=\frac{1}{2}$$

であり，頂点と焦点の距離は

$$2-\frac{1}{2}=\frac{3}{2}$$

であるから，求める方程式は

$$x^2=4\cdot\frac{3}{2}\left(y-\frac{1}{2}\right)$$

$$\therefore\quad y=\frac{x^2}{6}+\frac{1}{2}$$

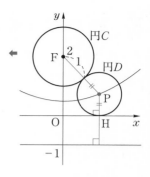

← $x^2=4\cdot\dfrac{3}{2}y$ を y 軸方向に $\dfrac{1}{2}$
だけ平行移動した．

講究　　(2)の方程式を放物線の定義から求めたが，直接計算してもよい．
　　　　Pの座標を $(x,\ y)$ とすると，C に外接し x 軸に接する D は x 軸
の上方にあるから $y>0$ である．D の半径を r とすると

　　　　$C,\ D$ が外接する　……①
　　$\Longleftrightarrow$ 中心間の距離＝半径の和
　　$\Longleftrightarrow$ PF $=r+1$
　　　　D が x 軸に接する　……②
　　$\Longleftrightarrow$ 中心と x 軸の距離＝半径
　　$\Longleftrightarrow$ $y=r$

であるから

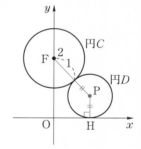

　　①かつ② $\Longleftrightarrow$ $\begin{cases} r=y \\ \text{PF}=y+1 \end{cases}$

← 代入法の原理

　　①かつ②を満たす円 D が存在するときの中心Pの軌跡は，①かつ②を満たす r
が存在するような点 $(x,\ y)$ の集合であり，求める方程式は

$$\text{PF}=y+1 \Longleftrightarrow x^2+(y-2)^2=(y+1)^2 \quad (\because\quad y>0)$$

$$\therefore\quad y=\frac{x^2}{6}+\frac{1}{2}$$

29 楕円の定義

次の問いに答えよ.

(1) $a>c>0$ とし, $b>0$ とする. 2 定点 F$(c, 0)$, F$'(-c, 0)$ からの距離の和が一定値 $2a$ である点Pの軌跡は $\dfrac{x^2}{a^2}+\dfrac{y^2}{b^2}=1$ と表されることを示し, b を a, c で表せ.

(2) 円 $C : x^2+y^2=1$ と点 A$(x_0, 0)$ があり, $0<x_0<1$ とする. 原点Oと円 C 上の点Bを通る直線 l_1 と線分 AB の垂直二等分線 l_2 の交点をPとする. 点Bが円 C 上を動くとき, 点Pの軌跡の方程式を求めよ. また, その方程式が表す図形を図示せよ.   ((2) 山梨大)

| 精 | 講 |

楕円は次のように定義されます.

平面上で, 2 定点 F, F$'$ からの距離の和が一定である点Pの軌跡を**楕円**といい, 点 F, F$'$ をその**焦点**という.

ただし, 焦点 F, F$'$ からの距離の和は線分 FF$'$ より大きいものとする.

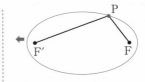

直線 FF$'$ のうち楕円が切り取る線分を**長軸**, 長軸の垂直二等分線のうち楕円が切り取る線分を**短軸**といい, 長軸と短軸の交点を**中心**, 長軸と短軸の端点を**頂点**といいます.

(1) $a>c>0$ は 2 定点 F, F$'$ からの距離の和 $2a$ の方が線分 FF$'$ の距離 $2c$ より大きいことを保証するための条件です.

(2) 与えられた条件の中に楕円の定義が潜んでいることを見抜きましょう.

解　答

(1) 点Pの座標を (x, y) とすると
$$\text{PF}+\text{PF}'=2a \quad \cdots\cdots ①$$
$$\iff \sqrt{(x-c)^2+y^2}+\sqrt{(x+c)^2+y^2}=2a$$

◀2 定点からの距離の和が一定.

$\Longleftrightarrow \sqrt{(x-c)^2+y^2}=2a-\sqrt{(x+c)^2+y^2}$

$\qquad\qquad\qquad\qquad\qquad$ ……① $'$

$\Longrightarrow (x-c)^2+y^2=\{2a-\sqrt{(x+c)^2+y^2}\}^2$

$\Longleftrightarrow a\sqrt{(x+c)^2+y^2}=cx+a^2$

$\Longrightarrow a^2(x+c)^2+a^2y^2=(cx+a^2)^2$

← この変形では必要条件になっていることに注意せよ.

講 究 2°

整理すると

$\qquad (a^2-c^2)x^2+a^2y^2=a^2(a^2-c^2)$

$a>c>0$ より $a^2(a^2-c^2)\neq0$ であるから，両辺を $a^2(a^2-c^2)$ で割ると

$\qquad \dfrac{x^2}{a^2}+\dfrac{y^2}{a^2-c^2}=1 \qquad$ ……②

逆に，$P(x,\ y)$ を②上の点とすると

← 十分性を確かめる.

$PF=\sqrt{(x-c)^2+y^2}$

$\quad =\sqrt{(x-c)^2+(a^2-c^2)\left(1-\dfrac{x^2}{a^2}\right)}$

$\quad =\sqrt{\dfrac{c^2}{a^2}x^2-2cx+a^2}=\sqrt{\left(\dfrac{c}{a}x-a\right)^2}$

$\quad =\left|\dfrac{c}{a}x-a\right|$

← $\dfrac{c}{a}x-a$ の符号を確定したい.

ここで，$a>c>0$ より $\dfrac{y^2}{a^2-c^2}\geqq0$ であり，②より

$\dfrac{y^2}{a^2-c^2}\geqq0 \Longleftrightarrow 1-\dfrac{x^2}{a^2}\geqq0$

$\qquad\qquad \Longleftrightarrow \left|\dfrac{x}{a}\right|\leqq1$

$\qquad\qquad \Longleftrightarrow \left|\dfrac{c}{a}x\right|\leqq c$

← $c>0$

であり，$-c\leqq\dfrac{c}{a}x\leqq c$ である.

$\qquad PF=\left|\dfrac{c}{a}x-a\right|=-\left(\dfrac{c}{a}x-a\right)$

← $\dfrac{c}{a}x-a\leqq c-a$
$\quad =-(a-c)<0$

同じく

$\qquad PF'=\sqrt{(x+c)^2+y^2}=\left|\dfrac{c}{a}x+a\right|=\dfrac{c}{a}x+a$

← $\dfrac{c}{a}x+a\geqq(-c)+a$
$\quad =a-c>0$

であるから

$\qquad PF+PF'=-\left(\dfrac{c}{a}x-a\right)+\left(\dfrac{c}{a}x+a\right)=2a$

134

よって，求める軌跡の方程式は

$$\frac{x^2}{a^2}+\frac{y^2}{a^2-c^2}=1$$

である．これは $b=\sqrt{a^2-c^2}$ (>0) とおくと

$$\frac{x^2}{a^2}+\frac{y^2}{b^2}=1$$

←楕円の方程式の標準形という．

と表すことができる．

(2) P は線分 AB の垂直二等分線上の点であるから，

$$PA=PB$$

であり，

$$OP+PA=OP+PB=OB=1$$

←和 OP+PA を考えるヒラメキが大切．

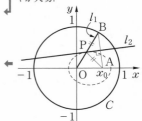

したがって，(1)よりPの軌跡は O，A を焦点とし，長軸の長さが1の楕円である．短軸の長さを $2b$ とすると

$$b=\sqrt{\left(\frac{1}{2}\right)^2-\left(\frac{x_0}{2}\right)^2}=\frac{\sqrt{1-x_0{}^2}}{2}$$

であり，求める方程式は

$$\frac{\left(x-\frac{x_0}{2}\right)^2}{\left(\frac{1}{2}\right)^2}+\frac{y^2}{\frac{1-x_0{}^2}{4}}=1$$

$$\therefore\quad 4\left(x-\frac{x_0}{2}\right)^2+\frac{4y^2}{1-x_0{}^2}=1$$

であり，**右図**となる．

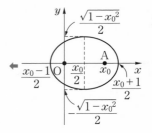

講究 1° 楕円の方程式の標準形 $\dfrac{x^2}{a^2}+\dfrac{y^2}{b^2}=1$

における a，b と焦点 $(\pm c, 0)$ の c との関係を確認しておく．

長軸の長さは $2a$，短軸の長さは $2b$

であり，$b=\sqrt{a^2-c^2}$ であったから

$$b^2+c^2=a^2$$

三平方の定理より，a，b，c は右図のような a を斜辺とする直角三角形をつくる．

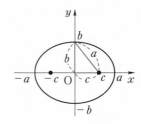

2°　①′(p.133)を同値変形しながら，②を導いてみよう.

> 実数 X, Y について
> $$\sqrt{X}=Y \iff \begin{cases} X=Y^2 \\ Y \geqq 0 \end{cases}$$

であることに注意する.

$$①′ \iff \begin{cases} (x-c)^2+y^2=\{2a-\sqrt{(x+c)^2+y^2}\}^2 \\ 2a-\sqrt{(x+c)^2+y^2}\geqq 0 \end{cases}$$

$$\iff \begin{cases} a\sqrt{(x+c)^2+y^2}=cx+a^2 \\ \sqrt{(x+c)^2+y^2}\leqq 2a \end{cases}$$

$$\iff \begin{cases} a^2(x+c)^2+a^2y^2=(cx+a^2)^2 \\ cx+a^2\geqq 0 \\ \sqrt{(x+c)^2+y^2}\leqq 2a \end{cases}$$

$$\iff \begin{cases} \dfrac{x^2}{a^2}+\dfrac{y^2}{a^2-c^2}=1 \quad (\because\ a>c>0) \\ cx+a^2\geqq 0 \\ \sqrt{(x+c)^2+y^2}\leqq 2a \end{cases}$$

$a>c>0$ かつ第1式が成り立つとき，$\left|\dfrac{x}{a}\right|\leqq 1$，すなわち $-a\leqq x\leqq a$ が成り立つから

$$cx+a^2\geqq c\cdot(-a)+a^2=a(a-c)>0$$
$$\sqrt{(x+c)^2+y^2}=\cdots=\left|\dfrac{c}{a}x+a\right|\leqq\left|\dfrac{c}{a}\cdot a+a\right|=c+a<a+a=2a$$

であり，第2式，第3式も成り立つ. よって

$$①′ \iff \dfrac{x^2}{a^2}+\dfrac{y^2}{a^2-c^2}=1 \qquad \cdots\cdots ②$$

である.

3°　(2)において $x_0>1$ とすると，$A(x_0,\ 0)$ は円 C の外部の点となる. このときの点Pの軌跡は
$$|OP-AP|=|OP-BP|=OB=1 \text{（差が一定）}$$
であり，O，A を焦点とする頂点間の距離が1 の双曲線(**30**参照)となる.

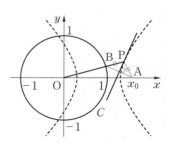

30 双曲線の定義

次の問いに答えよ.

(1) $c>a>0$ とし, $b>0$ とする. 2 定点 $(c,\ 0)$, $(-c,\ 0)$ からの距離の差が一定値 $2a$ である点 P の軌跡は $\dfrac{x^2}{a^2}-\dfrac{y^2}{b^2}=1$ と表されることを示し, b を $a,\ c$ で表せ.

(2) (i) 点 $\mathrm{P}(p,\ q)$ と円 $C:(x-a)^2+(y-b)^2=r^2$ $(r>0)$ との距離 d とは, P と C 上の点 $(x,\ y)$ との距離の最小値をいう. P が C の外部にある場合と内部にある場合に分けて, d の表す式を求めよ.

(ii) 2 つの円 $C_1:(x+4)^2+y^2=81$ と $C_2:(x-4)^2+y^2=49$ から等距離にある点 P の軌跡の方程式を求め, 図示せよ.

((2) 東北大)

精│講　双曲線は次のように定義されます.

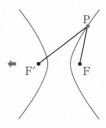

　平面上で, 2 定点 F, F′ からの距離の差が一定である点 P の軌跡を **双曲線** といい, 点 F, F′ をその **焦点** という.
　ただし, 焦点 F, F′ からの距離の差は線分 FF′ より小さいものとする.

←

　直線 FF′ と双曲線の 2 つの交点を **頂点**, 線分 FF′ の中点を **中心** といいます.

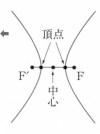

(1) $c>a>0$ は 2 定点 F, F′ の距離の差 $2a$ の方が線分 FF′ の距離 $2c$ より小さいことを保証するための条件です.

←

(2) 与えられた条件の中に楕円・双曲線の定義が潜んでいることを見抜きましょう.

解　答

(1) 点 P の座標を $(x,\ y)$ とすると

$$|\mathrm{PF}-\mathrm{PF}'|=2a \qquad \cdots\cdots ①$$

←2 定点からの距離の差が一定.

$$\Longleftrightarrow \sqrt{(x-c)^2+y^2}-\sqrt{(x+c)^2+y^2}=\pm 2a$$

$$\Longleftrightarrow \sqrt{(x-c)^2+y^2}=\sqrt{(x+c)^2+y^2}\pm2a$$

$$\cdots\cdots \text{①}'$$

$$\Longrightarrow (x-c)^2+y^2=\{\sqrt{(x+c)^2+y^2}\pm2a\}^2$$

$$\Longleftrightarrow \mp a\sqrt{(x+c)^2+y^2}=cx+a^2$$

$$\Longrightarrow a^2(x+c)^2+a^2y^2=(cx+a^2)^2$$

◀ 必要条件になっていることに注意せよ. **29**の**講**|**究**2° と同じようにして同値変形することもできる.

整理すると

$$(c^2-a^2)x^2-a^2y^2=a^2(c^2-a^2)$$

$c>a>0$ より $a^2(c^2-a^2)\neq0$ であるから，両辺を $a^2(c^2-a^2)$ で割ると

$$\frac{x^2}{a^2}-\frac{y^2}{c^2-a^2}=1 \qquad \cdots\cdots \text{②}$$

逆に，$P(x,\ y)$ を②上の点とすると

◀ 十分性を確かめる.

$$PF=\sqrt{(x-c)^2+y^2}$$

$$=\sqrt{(x-c)^2+(c^2-a^2)\left(\frac{x^2}{a^2}-1\right)}$$

$$=\sqrt{\frac{c^2}{a^2}x^2-2cx+a^2}=\sqrt{\left(\frac{c}{a}x-a\right)^2}$$

$$=\left|\frac{c}{a}x-a\right|$$

◀ $\frac{c}{a}x-a$ の符号を確定したい.

同じく

$$PF'=\sqrt{(x+c)^2+y^2}=\left|\frac{c}{a}x+a\right|$$

◀ $\frac{c}{a}x+a$ の符号を確定したい.

である．ここで，$c>a>0$ より，$\dfrac{y^2}{c^2-a^2}\geqq0$

であり，②より

$$\frac{y^2}{c^2-a^2}\geqq0 \Longleftrightarrow \frac{x^2}{a^2}-1\geqq0$$

$$\Longleftrightarrow \left|\frac{x}{a}\right|\geqq1$$

$$\Longleftrightarrow \left|\frac{c}{a}x\right|\geqq c$$

◀ $c>0$

であることに注意すると

$$\frac{c}{a}x\leqq-c\ (<-a)\ \text{のとき}$$

◀ $\frac{c}{a}x-a\leqq-c-a<0,$

$$|PF-PF'|=\left|-\left(\frac{c}{a}x-a\right)+\left(\frac{c}{a}x+a\right)\right|$$

$$=2a$$

$\frac{c}{a}x+a\leqq-c+a<0$

$\dfrac{c}{a}x \geqq c \ (>a)$ のとき

$\leftarrow \dfrac{c}{a}x - a \geqq c - a > 0,$

$\dfrac{c}{a}x + a \geqq c + a > 0$

$$|\mathrm{PF} - \mathrm{PF}'| = \left|\left(\dfrac{c}{a}x - a\right) - \left(\dfrac{c}{a}x + a\right)\right|$$
$$= |-2a| = 2a$$

よって，求める軌跡の方程式は

$$\dfrac{x^2}{a^2} - \dfrac{y^2}{c^2 - a^2} = 1$$

である．これは $b = \sqrt{c^2 - a^2} \ (>0)$ とおくと

$$\dfrac{x^2}{a^2} - \dfrac{y^2}{b^2} = 1$$

←双曲線の方程式の標準形という．

と表すことができる．

(2) (ⅰ) 円 C の中心 $(a,\ b)$ を A とすると

$\mathrm{P}(p,\ q)$ が C の外部にあるとき；
$$d = \mathrm{PA} - r$$
$$= \sqrt{(p-a)^2 + (q-b)^2} - r$$

$\mathrm{P}(p,\ q)$ が C の内部にあるとき；
$$d = r - \mathrm{PA}$$
$$= r - \sqrt{(p-a)^2 + (q-b)^2}$$

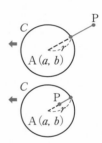

(ⅱ) $\mathrm{A}_1(-4,\ 0)$, $\mathrm{A}_2(4,\ 0)$ とおく．
これ以後，周上の点も含めて「外部」，「内部」ということにする．

(ア) P が C_1, C_2 の外部にあるとき；
$$\mathrm{PA}_1 - 9 = \mathrm{PA}_2 - 7$$
$$\therefore \quad \mathrm{PA}_1 - \mathrm{PA}_2 = 2$$

← C_1, C_2 は 2 点で交わるから，「外部」，「内部」の判定により，4 通りの場合分けが生じる．

(イ) P が C_1, C_2 の内部にあるとき；
$$9 - \mathrm{PA}_1 = 7 - \mathrm{PA}_2$$
$$\therefore \quad \mathrm{PA}_1 - \mathrm{PA}_2 = 2$$

(ウ) P が C_1 の外部，C_2 の内部にあるとき；
$$\mathrm{PA}_1 - 9 = 7 - \mathrm{PA}_2$$
$$\therefore \quad \mathrm{PA}_1 + \mathrm{PA}_2 = 16$$

(エ) P が C_1 の内部，C_2 の外部にあるとき；
$$9 - \mathrm{PA}_1 = \mathrm{PA}_2 - 7$$
$$\therefore \quad \mathrm{PA}_1 + \mathrm{PA}_2 = 16$$

よって，(ア)，(イ)のとき

P は A_1，A_2 を焦点とする頂点間の距離 2 の双曲線の右枝を描く．

$$\therefore\quad x^2-\frac{y^2}{15}=1\ \text{かつ}\ x>0$$

(ウ)，(エ)のとき

P は A_1，A_2 を焦点とする長軸の長さ 16 の楕円を描く．

$$\therefore\quad \frac{x^2}{8^2}+\frac{y^2}{48}=1$$

2 つをあわせて図示すると**下図**となる．

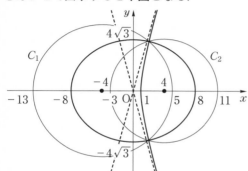

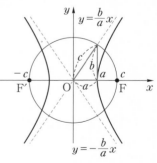

講究　双曲線の方程式の標準形 $\dfrac{x^2}{a^2}-\dfrac{y^2}{b^2}=1$ における a，b と焦点

$(\pm c,\ 0)$ の c との関係を確認しておく．

頂点間の距離は $2a$

であり，$b=\sqrt{c^2-a^2}$ であったから

$$a^2+b^2=c^2$$

双曲線 $\dfrac{x^2}{a^2}-\dfrac{y^2}{b^2}=1$ の漸近線は

$$\frac{x^2}{a^2}-\frac{y^2}{b^2}=0\qquad \therefore\quad y=\pm\frac{b}{a}x$$

であり，a，b，c は右図のような直角三角形をつくる．

❗注意　双曲線 $\dfrac{x^2}{a^2}-\dfrac{y^2}{b^2}=1$ 上の点 P が原点から限りなく遠くなると，P は直

線 $y=\dfrac{b}{a}x$ または $y=-\dfrac{b}{a}x$ に限りなく近づく．この直線 $y=\pm\dfrac{b}{a}x$ を双

曲線 $\dfrac{x^2}{a^2}-\dfrac{y^2}{b^2}=1$ の**漸近線**という．

31 　離心率

e を与えられた正の定数とし，点Fの座標を $(1, 0)$ とする．点Pの座標を (x, y) とするとき，以下の問いに答えよ．

(1) y 軸から点Pまでの距離と点Fから点Pまでの距離の比が $1 : e$ であるために x, y が満たすべき条件を求めよ．

(2) $e=1$ のとき，(1)の条件を満たす点Pの軌跡を求めよ．

(3) $0 < e < 1$ のとき，(1)の条件を満たす点Pの軌跡を求めよ．

(4) $e > 1$ のとき，(1)の条件を満たす点Pの軌跡を求めよ．

(5) (1)の条件を満たす点Pの軌跡の概形を，$e = \dfrac{1}{2}$, 1, 2 の3つの場合について同一平面上に図示せよ．

(北見工大・改)

精 講　　**放物線**は定点Fと（Fを通らない）定直線 l からの距離が等しい，すなわちFからの距離と l からの距離が $1 : 1$ である点の軌跡として定義されていましたが，**楕円**と**双曲線**についてもFからの距離と l からの距離の比が一定である点の軌跡として定義することができます．2次曲線（放物線・楕円・双曲線）が**統一的に定義される**のが興味深いですね．

◆美しい!!

動点Pから l に下ろした垂線の足をHとしたときの PF と PH の比 e，すなわち

$$e = \frac{\mathrm{PF}}{\mathrm{PH}}$$

を**離心率**といいます．また，放物線のときと同じく，F を**焦点**，l を**準線**といいます．

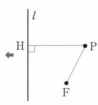

解　答
---

(1) $\mathrm{P}(x, y)$ から y 軸に下ろした垂線の足をHとすると，Pすなわち x, y が満たすべき条件は

$$\mathrm{PH} : \mathrm{PF} = 1 : e$$
$$\iff \mathrm{PF} = e\mathrm{PH}$$

$$\Longleftrightarrow \mathrm{PF}^2 = e^2 \mathrm{PH}^2$$

$$\Longleftrightarrow (x-1)^2 + y^2 = e^2 |x|^2$$

$$\therefore \quad (1-e^2)x^2 + y^2 - 2x + 1 = 0 \qquad \cdots\cdots ①$$

(2) $e=1$ のとき，①は

$$y^2 - 2x + 1 = 0$$

$$\therefore \quad x = \frac{y^2}{2} + \frac{1}{2} \qquad \cdots\cdots ②$$

◀これは x 軸を対称軸とする放物線の方程式である.

(3) $0 < e < 1$ のとき，$1-e^2 > 0$ であり，①は

$$(1-e^2)\left(x - \frac{1}{1-e^2}\right)^2 + y^2 = -1 + \frac{1}{1-e^2}$$

$$\therefore \quad (1-e^2)\left(x - \frac{1}{1-e^2}\right)^2 + y^2 = \frac{e^2}{1-e^2}$$

$$\therefore \quad \frac{\left(x - \dfrac{1}{1-e^2}\right)^2}{\left(\dfrac{e}{1-e^2}\right)^2} + \frac{y^2}{\left(\dfrac{e}{\sqrt{1-e^2}}\right)^2} = 1 \qquad \cdots\cdots ③$$

◀これは中心が $\left(\dfrac{1}{1-e^2},\ 0\right)$ で，2 定点 $(1,\ 0)$, $\left(\dfrac{1+e^2}{1-e^2},\ 0\right)$ を焦点とする長軸の長さが $\dfrac{2e}{1-e^2}$ の楕円の方程式である.

(4) $e > 1$ のとき，$e^2 - 1 > 0$ であり，①は

$$(e^2-1)\left(x - \frac{1}{1-e^2}\right)^2 - y^2 = \frac{e^2}{e^2-1}$$

$$\therefore \quad \frac{\left(x - \dfrac{1}{1-e^2}\right)^2}{\left(\dfrac{e}{e^2-1}\right)^2} - \frac{y^2}{\left(\dfrac{e}{\sqrt{e^2-1}}\right)^2} = 1 \qquad \cdots\cdots ④$$

◀これは中心が $\left(\dfrac{1}{1-e^2},\ 0\right)$ で，2 定点 $(1,\ 0)$, $\left(\dfrac{1+e^2}{1-e^2},\ 0\right)$ を焦点とする頂点間の距離が $\dfrac{2e}{e^2-1}$ の双曲線の方程式である.

(5) $e = \dfrac{1}{2}$ のとき，③は

$$\frac{\left(x - \dfrac{4}{3}\right)^2}{\left(\dfrac{2}{3}\right)^2} + \frac{y^2}{\dfrac{1}{3}} = 1$$

これは

$$中心と焦点の距離 = \sqrt{\left(\frac{2}{3}\right)^2 - \frac{1}{3}} = \frac{1}{3}$$

より，中心 $\left(\dfrac{4}{3},\ 0\right)$ で 2 定点 $(1,\ 0)$, $\left(\dfrac{5}{3},\ 0\right)$ を

焦点とする長軸の長さが $\dfrac{4}{3}$ の楕円である.

$e=2$ のとき, ④は

$$\dfrac{\left(x+\dfrac{1}{3}\right)^2}{\left(\dfrac{2}{3}\right)^2}-\dfrac{y^2}{\dfrac{4}{3}}=1$$

これは

中心と焦点の距離

$$=\sqrt{\left(\dfrac{2}{3}\right)^2+\dfrac{4}{3}}=\dfrac{4}{3}$$

より, 中心 $\left(-\dfrac{1}{3},\ 0\right)$

で 2 定点 $(1,\ 0)$,

$\left(-\dfrac{5}{3},\ 0\right)$ を焦点とする

頂点間の距離が $\dfrac{4}{3}$ の双

曲線であり, 漸近線の方

程式は

$$y=\pm\sqrt{3}\left(x+\dfrac{1}{3}\right)$$

である.

②, ③, ④を同一平面

上に図示すると**右図**とな

る.

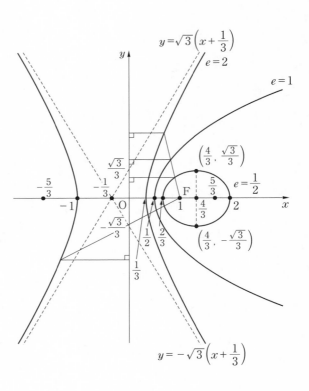

講 究　1° (3)の楕円において, 焦点間の距離と長軸の長さの比を考える.

$$a=\dfrac{e}{1-e^2},\ b=\dfrac{e}{\sqrt{1-e^2}}\ \ とおくと$$

③は　$\dfrac{\left(x-\dfrac{1}{1-e^2}\right)^2}{a^2}+\dfrac{y^2}{b^2}=1$　より

$$\dfrac{焦点間の距離}{長軸の長さ}=\dfrac{2\sqrt{a^2-b^2}}{2a}=\sqrt{1-\left(\dfrac{b}{a}\right)^2}\ \ \ \ \cdots\cdots(*)$$

$$=\sqrt{1-(\sqrt{1-e^2})^2}=e$$

であり, e は楕円の中心と焦点の離れ具合を表す目安(離心率)になっている.

楕円においては（焦点間の距離）＜（長軸の長さ）が成り立つから

$$0 < e < 1$$

であり，（＊）に注意すると

e が 1 に近づくときは $\dfrac{b}{a}$ は 0 に近づくから，楕円は細長くなり，

e が 0 に近づくときは $\dfrac{b}{a}$ は 1 に近づくから，楕円は円に近づく．

⚠**注意**　e が 0 に近づくときは，①より，$(x, y) \to \mathrm{F}(1, 0)$ であり，P の軌跡は焦点 F を中心とする半径 0 の円に近づくとみることができる．

(4)の双曲線においては，焦点間の距離と頂点間の距離の比を考える．

$$a' = \frac{e}{e^2 - 1}, \quad b' = \frac{e}{\sqrt{e^2 - 1}} \quad \text{とおくと}$$

④は $\dfrac{\left(1 - \dfrac{1}{1 - e^2}\right)^2}{a'^2} - \dfrac{y^2}{b'^2} = 1$　より

$$\frac{\text{焦点間の距離}}{\text{頂点間の距離}} = \frac{2\sqrt{a'^2 + b'^2}}{2a'} = \sqrt{1 + \left(\frac{b'}{a'}\right)^2} = \sqrt{1 + (\sqrt{e^2 - 1})^2} = e$$

であり，e は双曲線の中心と焦点の離れ具合を表す目安（離心率）になっている．

双曲線においては（焦点間の距離）＞（頂点間の距離）が成り立つから，

$$e > 1$$

である．

円からみると，楕円は円に近く，放物線，双曲線となるにつれ円から離れているのである．

2°　グラフをかくときの記入事項を確認しておく．

直線なら直線上の 2 点の座標，例えば x 軸，y 軸との交点などを記入しておくとよいだろう．

放物線なら頂点の座標，軸の方程式がわかるようにしておく．

楕円，双曲線なら中心，端点がわかるようにしておく．双曲線ならさらに漸近線も記入しておくとよいだろう．

---

32 不等式の表す領域

(1) 次の不等式の表す領域を図示せよ.

  (i) $y \geqq \dfrac{1}{x}$ (ii) $x \geqq \dfrac{1}{y}$

  (iii) $xy \geqq 1$ (iv) $1 \geqq \dfrac{1}{xy}$

(2) 次の不等式の表す領域を図示せよ.

  (i) $y^2 < 1 - x^2$ (ii) $y < \sqrt{1 - x^2}$

精 講 　今までにも不等式の表す領域を図示する問題はありましたが,ここで不等式の表す領域に関することを整理しておきましょう.

　$x,\ y$ についての不等式が与えられたとき,この不等式を満たす点 $(x,\ y)$ 全体の集合をこの**不等式の表す領域**といいます.

　一般には

(I) 曲線 $y = f(x)$ を C とすると
　不等式 $y > f(x)$ の表す領域は,C の**上側の部分**
　不等式 $y < f(x)$ の表す領域は,C の**下側の部分**

(II) 曲線 $x = g(y)$ を C とすると
　不等式 $x > g(y)$ の表す領域は,C の**右側の部分**
　不等式 $x < g(y)$ の表す領域は,C の**左側の部分**

(III) 円 $(x-a)^2 + (y-b)^2 = r^2\ (r>0)$ を C とすると
　不等式 $(x-a)^2 + (y-b)^2 < r^2$ の表す領域は,
　　C の**内側の部分**
　不等式 $(x-a)^2 + (y-b)^2 > r^2$ の表す領域は,
　　C の**外側の部分**

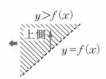

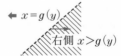

$(x-a)^2 + (y-b)^2 < r^2$

です.

　また,境界については含まれる場合は実線,含まれない場合は破線(または点線)でかき,除外点は白丸「。」で表すのが一般的です.

　境界の曲線 C が $h(x,\ y) = 0$ で表されるとき,境

← **講 究** 1°

界上の点は $h(x, y)=0$ を満たしますが，境界上にない点は $h(x, y)\neq0$ です．すなわち，$h(x, y)>0$，$h(x, y)<0$ のどちらかです．$h(x, y)>0$ の表す領域を**正領域**，$h(x, y)<0$ の表す領域を**負領域**といいます．この見方で領域を図示することもできます．

← 講 究 2°

解　答

(1) (ⅰ)　定義域 $x\neq0$ より直線 $x=0$ は領域の境界の1つとなる．求める領域は $y=\dfrac{1}{x}$ 上の点および上側の部分である．

← 講 究 1°（Ⅰ）参照.

これを図示すると，**次ページの図**(ⅰ)となる．

(ⅱ)　定義域 $y\neq0$ より直線 $y=0$ は領域の境界の1つとなる．求める領域は $x=\dfrac{1}{y}$ 上の点および右側の部分である．

これを図示すると，**次ページの図**(ⅱ)となる．

(ⅲ)　$x=0$ のとき，不等式(ⅲ)は成り立たない．

$x>0$ のとき，(ⅲ)は $y\geqq\dfrac{1}{x}$ であり，これを満たす領域は $y=\dfrac{1}{x}$ 上の点および上側の部分である．

$x<0$ のとき，(ⅲ)は $y\leqq\dfrac{1}{x}$ であり，これを満たす領域は $y=\dfrac{1}{x}$ 上の点および下側の部分である．

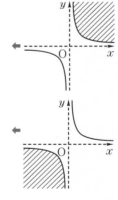

これを図示すると，**次ページの図**(ⅲ)となる．

(ⅳ)　定義域 $xy\neq0$ より直線 $x=0$，$y=0$ はどちらも領域の境界の1つとなる．

$y>0$ のとき，(ⅳ)は $y\geqq\dfrac{1}{x}$ であり，これを満たす領域は，$x>0$ のとき，$y=\dfrac{1}{x}$ 上の点および上側の部分であり，$x<0$ のとき，$y=0$ の上側の部分である．

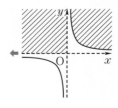

$y<0$ のとき，(iv)は $y \leqq \dfrac{1}{x}$ であり，これを満た

す領域は，$x<0$ のとき，$y=\dfrac{1}{x}$ 上の点および下側

の部分であり，$x>0$ のとき，$y=0$ の下側の部分

である．

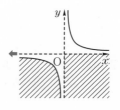

これを図示すると，**下の図(iv)**となる．

((1)の解答図)

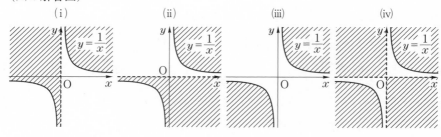

(2) (i) 求める領域は円 $x^2+y^2=1$ の内部である．

境界は除く．

これを図示すると，**下の図(i)**となる．

(ii) 求める領域は半円 $y=\sqrt{1-x^2}$ の下側である．　←$y<f(x)$ のタイプである．

境界は円周部分は除き，半平面 $y<0$ 内の直線

$x=\pm 1$ の部分は含む．

これを図示すると，**下の図(ii)**となる．　←(ii)は下図ではない．正解の図

とじっくり比較せよ．

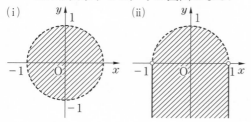

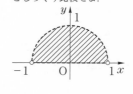

講｜究　**1°**　不等式の表す領域について確認しておく．

(I) $y \gtreqqless f(x)$ について；

曲線 $y=f(x)$ を C とし，平面上の点 $\mathrm{P}(x_1,\ y_1)$ を通り，y 軸に平行な直

線と曲線 C との交点を $\mathrm{Q}(x_1,\ f(x_1))$ とする．

P の y_1 が

$$y_1 > f(x_1) \quad \cdots\cdots ①$$

を満たすならば，PはQの上側にある．x_1 は任
意の実数であるから①を満たす点P全体の集合は，
曲線 C の**上側の部分**である．

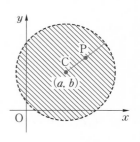

　本問(1)の(i)を例にとると，右図となる．

　同様にして，$y<f(x)$ の表す領域は $y=f(x)$
の**下側の部分**である．

(Ⅱ)　$x \gtrless g(y)$ について；

　曲線を $x=g(y)$ とし，$P(x_1,\ y_1)$，$Q(g(y_1),\ y_1)$
として

$$x_1>g(y_1),\quad x_1<g(y_1)$$

を判断する．あとは(Ⅰ)と同じで

$$x>g(y) \text{ の表す領域は } x=g(y) \text{ の**右側の部分**}$$
$$x<g(y) \text{ の表す領域は } x=g(y) \text{ の**左側の部分**}$$

である．

(Ⅲ)　$(x-a)^2+(y-b)^2 \leqq r^2\ (r>0)$ について；

　$(x-a)^2+(y-b)^2=r^2\ (r>0)$ は点 $C(a,\ b)$
を中心とする半径 r の円であるから

$$CP<r \iff CP^2<r^2$$

すなわち

$$(x-a)^2+(y-b)^2<r^2$$

が表す領域は円の**内側の部分**である．

　同様にして，$(x-a)^2+(y-b)^2>r^2$ の表す領
域は円の**外側の部分**である．

2°　正領域・負領域について；

　$h(x,\ y)$ が連続関数で $h(x,\ y)=0$ が xy 平面をいくつかに分けるとき，
各領域における $h(x,\ y)$ の符号は一定であるから，各領域の代表点をとりな
がら領域の符号を決定するとよい．

　連続関数の定義は数学Ⅲの範囲であるが，つながった関数，切れ目がない関
数というイメージでとらえておけばよい．

　正領域・負領域には上側・下側という基準はないので注意してほしい．例え
ば，直線 $y=x+1$ は xy 平面を2つに分けるが，式の移項の仕方を変えて

$$h(x,\ y)=x-y+1,$$
$$k(x,\ y)=y-x-1$$

とすると

$$h(0,\ 0)=1>0,$$
$$k(0,\ 0)=-1<0$$

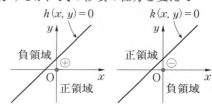

であるから

境界線 $h(x, y)=0$ に対しては，原点を含む側が正領域，反対側が負領域．

境界線 $k(x, y)=0$ に対しては，原点を含む側が負領域，反対側が正領域である．同じ領域が境界となる式のとり方によって正領域であったり，負領域であったりするのである．

また，どの境界線においても境界を越えるときに符号が変化する場合は，1つの点の符号がわかれば，その点を含む領域の符号が決まり，隣の領域は逆符号として決まるので，平面全体の領域の符号がわかることになる．

$$(x+1)(x-y+1)=0 \qquad \cdots\cdots ⑦$$
$$(x+1)^2(x-y+1)=0 \qquad \cdots\cdots ④$$

⑦，④の左辺に $(x, y)=(0, 0)$ を代入すると，どちらも

原点における符号：$1\cdot1=1>0$

であり，原点を含む領域はどちらも正領域である．

下の図の(ア)，(イ)は⑦，④を境界とするときの各領域の符号を記したものである．

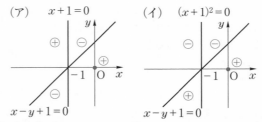

(ア)は隣り合う領域の符号はすべて異符号であるが，(イ)はそうではない．境界 $(x+1)^2=0$ により，$x=-1$ を越えても領域の符号が変わらないことに注意せよ．

$3°$　それでは，正領域・負領域の考え方で(1)の(iii)，(iv)をみておく．

(iii)の不等式は $xy-1\geqq0$ と同値であり

$$f(x, y)=xy-1$$

とおくと，$f(x, y)$ は x, y について連続関数であり，境界 $f(x, y)=0$ を越えると $f(x, y)$ の符号は変わる．

$$f(0, 0)=0\cdot0-1=-1<0$$

であるから，原点 $O(0, 0)$ を含む領域は負領域であり，xy 平面全体の符号が決まる．

これにより，解答の図を得る．$x>0$，$x<0$ の場合分けをすることなく，求める領域が得られるのがよい．

しかし，(iv)の不等式は $x\neq0$，$y\neq0$ で定義される不等式である．

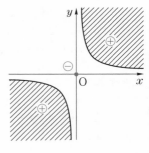

$g(x, y) = 1 - \dfrac{1}{xy}$ とおいて，領域の符号を調べるときは $x=0$, $y=0$ により区切られた 4 つの領域の中でそれぞれ符号を調べなければならない．

すなわち，境界上にない点として $(\pm 2, 2)$, $(\pm 2, -2)$ の符号を調べると

$$g(2, 2) = 1 - \frac{1}{2 \cdot 2} = \frac{3}{4} > 0$$

$$g(-2, 2) = 1 - \frac{1}{(-2) \cdot 2} = \frac{5}{4} > 0$$

$$g(-2, -2) = 1 - \frac{1}{(-2) \cdot (-2)} = \frac{3}{4} > 0$$

$$g(2, -2) = 1 - \frac{1}{2 \cdot (-2)} = \frac{5}{4} > 0$$

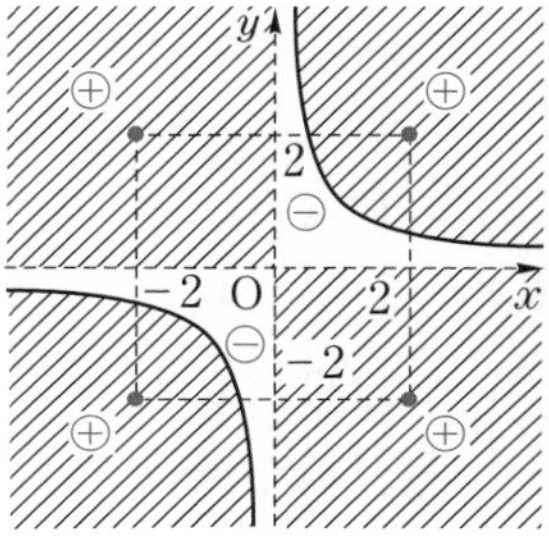

であり，各領域の符号は右図となる．これにより，**解答**の図を得る．やはり，**解答**と同じく 4 つの場合分けは避けられない．

少し工夫してみる．(iv)は

$$1 \geqq \frac{1}{xy} \iff \frac{xy-1}{xy} \geqq 0 \left(\iff \begin{cases} xy(xy-1) \geqq 0 \\ xy \neq 0 \end{cases} \right)$$

$$\iff \begin{cases} xy > 0 \\ xy \geqq 1 \end{cases} \text{または} \begin{cases} xy < 0 \\ xy \leqq 1 \end{cases}$$

と同値変形されるから，$xy > 0$ すなわち第 1 象限，第 3 象限のときは(iii)の領域と一致する．$xy < 0$ すなわち第 2 象限，第 4 象限のときは改めて符号を調べることになる．

33 連立不等式の表す領域

次の不等式が表す領域を図示せよ.

(1) (i) $(x-1)>0$ かつ $(y-2)>0$ かつ $(x+y+1)>0$

　　(ii) $(x-1)(y-2)>0$ かつ $(x+y+1)>0$

　　(iii) $(x-1)(y-2)(x+y+1)>0$　　　　　　　　　　　（学習院大・改）

(2) $\begin{cases} (2y+x-2)(y-x)<0 \\ (3y-6x+2)(y+x-4)>0 \end{cases}$　　　　　　　（宮城教大・改）

(3) $\begin{cases} |x|+|y|\leqq 2 \\ |x+y|+|x-y|\geqq 2 \end{cases}$

精 講　　(1)　境界線は(i), (ii), (iii)ともすべて同じ
　　　　　　です.

　(i), (ii), (iii)の順に条件はゆるくなっているので,
表記される領域は

　　　(i)の領域⊂(ii)の領域⊂(iii)の領域　　　　　　　　←検算用に使うとよいでしょう.

となります.

　　(iii)は(ii)を利用するよりは, 正領域・負領域を直接　　←臨機応変な対応も大切です.
調べる方が楽でしょう.

(2)　「かつ」と「または」を正しく使いましょう.

(3)　絶対値を含む不等式の表す領域の図示問題です.
　絶対値をはずすことが基本ですが, 2式それぞれを
　4通りに場合分けして絶対値をはずすのは煩雑です.　←1つの絶対値につき2通りに
　式の対称性を利用しましょう.　　　　　　　　　　　　　場合分けをする.

　　$f(x, y)=0$ について

$f(-x, y)=f(x, y)$
　　$\Longleftrightarrow f(x, y)=0$ は **y軸に関して対称**

$f(x, -y)=f(x, y)$
　　$\Longleftrightarrow f(x, y)=0$ は **x軸に関して対称**

$f(y, x)=f(x, y)$
　　$\Longleftrightarrow f(x, y)=0$ は **直線 $y=x$ に関して対称**

となります.　　　　　　　　　　　　　　　　　　　　　←**講 究**

解　答

(1)　(i)　$x>1$ かつ $y>2$ かつ $y>-x-1$ を図示すると**下図(i)の斜線部分**となる．境界は除く．

(ii)　$(x-1)(y-2)>0$

⟸ 正領域を探してもよい．

$$\iff \begin{cases} x-1>0 \\ y-2>0 \end{cases} \text{または} \begin{cases} x-1<0 \\ y-2<0 \end{cases}$$

$$\iff \begin{cases} x>1 \\ y>2 \end{cases} \text{または} \begin{cases} x<1 \\ y<2 \end{cases}$$

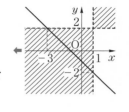

これを $y>-x-1$ の表す領域で図示すると**下図(ii)の斜線部分**となる．境界は除く．

(iii)　$f(x,\ y)=(x-1)(y-2)(x+y+1)$ とおくと
$$f(0,\ 0)=(-1)\cdot(-2)\cdot1=2>0$$
であり，原点を含む領域は正領域である．これにより，3本の直線により分けられた7つの領域の符号はすべて決まる（右図参照）．

　求める領域は**下図(iii)の斜線部分**となる．境界は除く．

(i)　　　　　　　　　(ii)　　　　　　　　　(iii)

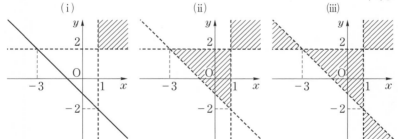

(2)　$(2y+x-2)(y-x)<0$　　……　①

⟸ 負領域を探してもよい．

$$\iff \begin{cases} 2y+x-2>0 \\ y-x<0 \end{cases} \text{または} \begin{cases} 2y+x-2<0 \\ y-x>0 \end{cases}$$

2直線 $2y+x-2=0$，$y-x=0$ の交点は $\left(\dfrac{2}{3},\ \dfrac{2}{3}\right)$ であり，①の表す領域は右図の斜線部分となる．境界は除く．

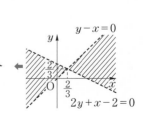

$$(3y-6x+2)(y+x-4)>0 \quad \cdots\cdots ②$$

$$\Longleftrightarrow \begin{cases} 3y-6x+2>0 \\ y+x-4>0 \end{cases} \text{または} \begin{cases} 3y-6x+2<0 \\ y+x-4<0 \end{cases}$$

2直線 $3y-6x+2=0$, $y+x-4=0$ の交点は
$\left(\dfrac{14}{9}, \dfrac{22}{9}\right)$ であり，②の表す領域は右図の斜線部分となる．境界は除く．

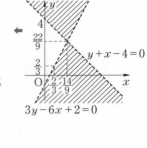

$3y-6x+2=0$ は点 $\left(\dfrac{2}{3}, \dfrac{2}{3}\right)$ を通る．また，

$y+x-4=0$ と $y-x=0$ の交点は $(2, 2)$ であり，
$y+x-4=0$ と $2y+x-2=0$ の交点は $(6, -2)$ である．

←必要な交点の座標を求め図の中に記入する．

よって，①かつ②を満たす領域は**下図の斜線部分**となる．境界は除く．

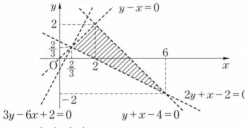

(3)　$|x|+|y| \leqq 2 \quad \cdots\cdots ①$

x を $-x$ と変えても，y を $-y$ と変えても①は変わらないから，①は y 軸かつ x 軸に関して対称な領域である．したがって，$x \geqq 0$, $y \geqq 0$ とすると，①は
$$x+y \leqq 2 \quad (x \geqq 0, \ y \geqq 0)$$
である．対称性を利用して①を図示すると右図となる．境界も含む．

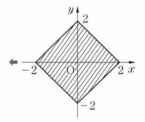

$$|x+y|+|x-y| \geqq 2 \quad \cdots\cdots ②$$

x を $-x$ と変えても，y を $-y$ と変えても②は変わらない．さらに，x, y をそれぞれ y, x と変えても②は変わらないから，②は y 軸かつ x 軸，さらに直線 $y=x$ に関して対称な領域である．$x \geqq 0$, $y \geqq 0$, $y \leqq x$ とすると，②は
$$(x+y)+(x-y) \geqq 2$$
$$\therefore \quad x \geqq 1$$
となり，右図②(i)を得る．境界も含む．

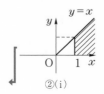

②(i)

対称性を利用して②を図示すると右図②(ii)となる．境界も含む．

①かつ②を満たす領域は**下図の斜線部分**となる．境界も含む．

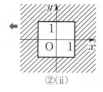

②(ii)

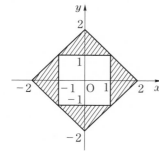

講究 平面上の合同変換（距離が不変な変換）として

　　平行移動，対称移動，回転移動

がある．

(I) $f(x, y)=0$ を x 軸方向に a，y 軸方向に b だけ平行移動した図形の方程式は

$$f(x-a, y-b)=0$$

である．

(II) 対称移動は線対称（x 軸，y 軸，$y=x$，$y=mx$ などに関する対称移動），点対称（原点，点 (a, b) などに関する対称移動）の2種類ある．

　　x 軸に関する対称移動：$f(x, y)=0 \rightarrow f(x, -y)=0$

　　y 軸に関する対称移動：$f(x, y)=0 \rightarrow f(-x, y)=0$

　　$y=x$ に関する対称移動：$f(x, y)=0 \rightarrow f(y, x)=0$

　　点対称移動は平行移動と原点のまわりの $180°$ 回転の合成として扱うことができる．

(III) 回転移動は数学Ⅲの複素数平面の中で扱う．

34 共有点をもつための条件

2点 A$(-1,\ 5)$, B$(2,\ -1)$ と直線 $l : y=(b-a)x-(3b+a)$ がある.

(1) 線分 AB と l が共有点をもつような点 $(a,\ b)$ の存在する領域を図示せよ.

(2) △OAB と l が共有点をもつような点 $(a,\ b)$ の存在する領域を図示せよ. ただし, O は原点 $(0,\ 0)$ とする.

精|講　(1) 線分の方程式と直線 l の方程式を連立することも可能ですが, (2)を考える と得策ではありません.

←**講究**

線分と直線が共有点をもつのは, 線分と直線が1点を共有するときと重なるときがあります.

(2) 線分 AB, OA, OB のいずれかと直線 l が共有点をもつ条件を求めるわけですが, 否定を考えてみましょう.

←場合分けが多いときは, 否定の補集合として攻めてみましょう.

解答

$f(x,\ y)=(b-a)x-y-(3b+a)$ とおく.

(1) 正領域・負領域を考えると

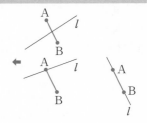

線分 AB と l が共有点をもつ

$\iff$「A, B が l に関して反対側にある」
　　　または
　　「A または B が l 上にある」

$\iff f(-1,\ 5)\cdot f(2,\ -1)<0$
　　　または
　　「$f(-1,\ 5)=0$ または $f(2,\ -1)=0$」

$\iff f(-1,\ 5)\cdot f(2,\ -1)\leqq0$

$\iff (-4b-5)(-3a-b+1)\leqq0$

$\therefore\ (4b+5)(3a+b-1)\leqq0$

$4b+5=0$ と $3a+b-1=0$ の交点は $\left(\dfrac{3}{4},\ -\dfrac{5}{4}\right)$

であり, 求める領域は右図の斜線部分となる. 境界も含む.

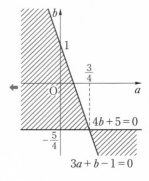

(2) まず，与えられた条件を満たさない a, b の条件を求める．

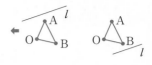

　　　△OAB が l と共有点をもたない

$\iff$ O，A，B は l に関して同じ側にある

$\iff$ $\begin{cases} f(0,\ 0)>0 \\ f(-1,\ 5)>0 \\ f(2,\ -1)>0 \end{cases}$ または $\begin{cases} f(0,\ 0)<0 \\ f(-1,\ 5)<0 \\ f(2,\ -1)<0 \end{cases}$

← 3点が「すべて正領域にある」または「すべて負領域にある」．

$\iff$ $\begin{cases} -3b-a>0 \\ -4b-5>0 \\ -3a-b+1>0 \end{cases}$ または $\begin{cases} -3b-a<0 \\ -4b-5<0 \\ -3a-b+1<0 \end{cases}$

$\therefore$ (I) $\begin{cases} a+3b<0 \\ 4b+5<0 \\ 3a+b-1<0 \end{cases}$ または (II) $\begin{cases} a+3b>0 \\ 4b+5>0 \\ 3a+b-1>0 \end{cases}$

← $a+3b=0$ と $4b+5=0$, $3a+b-1=0$ の交点の座標は，それぞれ $\left(\dfrac{15}{4},\ -\dfrac{5}{4}\right)$, $\left(\dfrac{3}{8},\ -\dfrac{1}{8}\right)$ である．

(I)または(II)を図示すると下図左の斜線部分（境界を除く）となるから，求める領域は**下図右の斜線部分**となる．境界も含む．

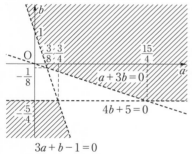

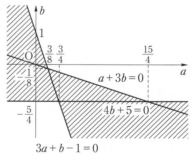

講 究 (1) 線分 AB の方程式 $y=-2x+3$ $(-1\le x\le 2)$ と l の方程式を連立して

$$-2x+3=(b-a)x-(3b+a)$$

$\therefore$ $(b-a+2)x-(3b+a+3)=0$ ……①

とし，①が $-1\le x\le 2$ の範囲に少なくとも1つ解をもつような a, b の条件を求めてもよい．ここから先は，不等式の処理も考えると，$b-a+2=0$, >0, <0 と場合分けすることになる（正領域・負領域の効力に感動!!）．

第 4 章 媒介変数表示

35 媒介変数表示

s, t を実数とする．以下の問いに答えよ．

(1) $x=1+2t$, $y=1+3t$ とおく．t が $t \geqq 0$ の範囲を動くとき，点 (x, y) の動く範囲を座標平面内に図示せよ．

（東京都市大・改）

(2) (i) $x=s+t+1$, $y=s-t-1$ とおく．s, t が $s \geqq 0$, $t \geqq 0$ の範囲を動くとき，点 (x, y) の動く範囲を座標平面内に図示せよ．

(ii) $x=st+s-t+1$, $y=s+t-1$ とおく．s, t が実数全体を動くとき，点 (x, y) の動く範囲を座標平面内に図示せよ．

（東北大・改）

精講 (1)の点をPとすると，Pの座標は
$$(x, y)=(1+2t, \ 1+3t) \cdots\cdots (*)$$
であり，$t=0$, 1, 2, $\cdots$ のとき

$(1, 1)$, $(3, 4)$, $(5, 7)$, $\cdots$

◆ 具体的に点をみつけて，様子を探ってみる．

です．細かくいろいろな t の値をとると，点Pが次々と決まっていき，1つの図形が見えてきます．これは t を時刻とみて，時刻とともに点が動いていくというイメージで $(*)$ をみるといいでしょう．

◆ 媒介変数表示のイメージをつかむことができました．

一般に，曲線 C 上の点 (x, y) が
$$\begin{cases} x=f(t) \\ y=g(t) \end{cases} \cdots\cdots (**)$$
と表されるとき，$(**)$ を C の**媒介変数表示**といい，t を**媒介変数**または**パラメータ**といいます．

(2)は2つの媒介変数 s, t が用いられており，2次元の広がりをもつ図形の媒介変数表示となっています．

この章では媒介変数表示された曲線の x, y による方程式を求めることが1つの目標となります．どんなに細かく t の値をとっても，とる t の値は無限にあり，すべてをとり尽くすことはできません．では，どのようにして，x, y による方程式を求めたらよいのでしょうか．

◆ パソコンでの図示は理解を助けてくれますが，すべての点をプロットしているわけではありません．

第2章で扱った値域の求め方を思い出しましょう．

関数 $y=f(x)$ の値域は

$y=f(x)$ となる x が存在するような y の条件でした．同じように考えます．

曲線 C が

$$\begin{cases} x=f(t) \\ y=g(t) \end{cases} \quad \cdots\cdots (**)$$

と媒介変数表示されるとき，点 $(x,\ y)$ が曲線 C 上の点であるか否かは，$(**)$ を満たす t が存在するか否かで決まります．したがって，媒介変数表示された曲線は

$(**)$ を満たす t が存在するような点 $(x,\ y)$ の集合

です．

形式的には，ただ t を消去して $x,\ y$ についての方程式を得るようにみえますが，媒介変数 t の値が存在するような $x,\ y$ の条件を求めているのだということを大切にしましょう．

また，媒介変数の図形的意味から図形(直線，曲線あるいは領域)を知ることができる場合もあります．

◀いくつかの考え方がありましたが，これが値域の定義から導かれる考え方でした．

◀ただ消去するだけでは必要条件を求めたにすぎません．**36**，**37** などを参照．

第4章

解　答

(1)　$\begin{cases} x=1+2t & \cdots\cdots ① \\ y=1+3t & \cdots\cdots ② \end{cases}$

$\Longleftrightarrow \begin{cases} t=\dfrac{x-1}{2} & \cdots\cdots ①' \\ y=1+3\cdot\dfrac{x-1}{2} & \cdots\cdots ③ \end{cases}$

◀代入法の原理

t は $t\geqq 0$ $\cdots\cdots$ ④ の範囲で動くから，「①' かつ③かつ④を満たす t が存在する」ような点 $(x,\ y)$ の条件は

$\begin{cases} \dfrac{x-1}{2}\geqq 0 \\ y=\dfrac{3}{2}x-\dfrac{1}{2} \end{cases}$

$\therefore \begin{cases} x\geqq 1 & \cdots\cdots ⑤ \\ y=\dfrac{3}{2}x-\dfrac{1}{2} & \cdots\cdots ⑥ \end{cases}$

であり，点 (x, y) の動く範囲は**右図の半直線**となる．

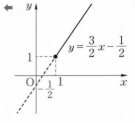

!**注意**　「①′かつ③かつ④」ならば，①′により「⑤かつ⑥」が成り立ち，「⑤かつ⑥」を満たす点 (x, y) に対して，t の値は①′として決まるから，「⑤かつ⑥」は「①′かつ③かつ④を満たす t が存在する」ための必要十分条件となっている．

(2)　(i)　$\begin{cases} s+t+1=x & \cdots\cdots ① \\ s-t-1=y & \cdots\cdots ② \end{cases}$

$\iff \begin{cases} s=\dfrac{x+y}{2} \\ t=\dfrac{x-y-2}{2} \end{cases}$

s, t は $s\geqq 0, t\geqq 0 \cdots\cdots ③$ の範囲で動くから，「①かつ②かつ③を満たす s, t が存在する」ような点 (x, y) の条件は

$\begin{cases} x+y\geqq 0 \\ x-y-2\geqq 0 \end{cases}$

整理して

$\begin{cases} y\geqq -x \\ y\leqq x-2 \end{cases}$

である．よって，点 (x, y) の動く範囲は**右図の斜線部分**となる．境界も含む．

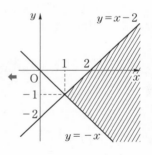

(ii)　$\begin{cases} x=st+s-t+1 & \cdots\cdots ① \\ y=s+t-1 & \cdots\cdots ② \end{cases}$

$\iff \begin{cases} s=y-t+1 \\ x=(y-t+1)t+(y-t+1)-t+1 \end{cases}$

$\iff \begin{cases} s=y-t+1 & \cdots\cdots ②' \\ t^2-(y-1)t+x-y-2=0 & \cdots\cdots ③ \end{cases}$

③を満たす実数 t が存在すると，②′より s も実数であるから，「②′かつ③を満たす実数 s, t が存在する」ような点 (x, y) の条件は，「③を満たす実数 t が存在する」ような点 (x, y) の条件である．③の判別式を D とすると

$$D\geqq 0 \iff (y-1)^2-4(x-y-2)\geqq 0$$
$$4x\leqq y^2+2y+9$$
$$\therefore\quad x\leqq \frac{1}{4}(y+1)^2+2$$

よって，点 $(x,\ y)$ の動く範囲は**右図の斜線部分**となる．境界も含む．

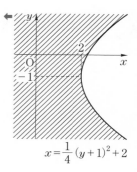

$$x=\frac{1}{4}(y+1)^2+2$$

講究　媒介変数表示が t の 1 次式である(1)，s，t の 1 次式である(2)の(i)は，ベクトルを利用して直接，点 $(x,\ y)$ の存在範囲を知ることができる．

(1)　x，y にある媒介変数 t をまとめると

$$\begin{cases} x=1+2t \\ y=1+3t \end{cases} \iff \begin{pmatrix} x \\ y \end{pmatrix}=\begin{pmatrix} 1 \\ 1 \end{pmatrix}+t\begin{pmatrix} 2 \\ 3 \end{pmatrix}$$

であり，これは点 $(1,\ 1)$ を通り，方向ベクトル $\begin{pmatrix} 2 \\ 3 \end{pmatrix}$ の直線のベクトル方程式である．$t\geqq 0$ より，点 $(x,\ y)$ は右図の半直線を描く．

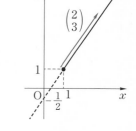

(2)　(i)　x，y にある媒介変数 s，t をそれぞれまとめると

$$\begin{cases} x=s+t+1 \\ y=s-t-1 \end{cases}$$

$$\iff \begin{pmatrix} x \\ y \end{pmatrix}=\begin{pmatrix} 1 \\ -1 \end{pmatrix}+s\begin{pmatrix} 1 \\ 1 \end{pmatrix}+t\begin{pmatrix} 1 \\ -1 \end{pmatrix}$$

である．$s\geqq 0$，$t\geqq 0$ より，点 $(x,\ y)$ は点 $(1,\ -1)$ を通り，ベクトル $\begin{pmatrix} 1 \\ 1 \end{pmatrix}$，$\begin{pmatrix} 1 \\ -1 \end{pmatrix}$ 方向に伸びた半直線上および右図の斜線部分内を動く．

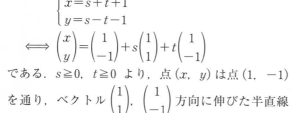
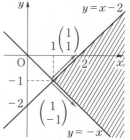

(ii)　$x=st+s-t+1$ であり，(1)，(2)(i)のようにベクトルで処理することはできない．**解答**のように，与えられた条件を満たす s，t の存在条件として x，y の条件式を求めることになる．

36 放物線の媒介変数表示

次の問いに答えよ.

(1) 放物線 $C : y = -x^2 + 4kx - 5k^2 + 4$ と x 軸が異なる 2 個の共有点をもつとき,C の頂点の軌跡の方程式を求めよ.

(2) t が実数全体を動くとき,次の式で表される点 (x, y) の軌跡の方程式を求め,図示せよ.

(ⅰ) $\begin{cases} x = t^2 - 1 \\ y = t^4 + 2t^2 \end{cases}$ (ⅱ) $\begin{cases} x = 2\cos t \\ y = -\sin^2 t \end{cases}$ ((ⅱ)　島根大)

精講　媒介変数表示された曲線を求めるには,媒介変数を消去して,x, y の関係式を求めることになりますが,式のどの範囲を動くのかにも注意しましょう.

(1)のように k に制限が付くときは問題ないでしょうが,(2)のように t が実数全体を動くときも**軌跡に制限が付く**ことがあります.

◀ 一般には,この段階では軌跡がのる曲線の方程式を求めた(曲線上に求める軌跡があるということを示した)だけであり,必要条件を求めたにすぎません.

解　答

(1) 　　$y = -x^2 + 4kx - 5k^2 + 4$
　　　　$= -(x - 2k)^2 - k^2 + 4$
　　より,頂点の座標 (x, y) は

◀ 頂点の座標を求めるために平方完成する.

$$\begin{cases} x = 2k & \cdots\cdots ① \\ y = -k^2 + 4 & \cdots\cdots ② \end{cases}$$

$$\Longleftrightarrow \begin{cases} k = \dfrac{x}{2} & \cdots\cdots ①' \\ y = -\dfrac{x^2}{4} + 4 & \cdots\cdots ③ \end{cases}$$

◀ 代入法の原理

である.C と x 軸が異なる 2 個の共有点をもつ条件は

　　頂点の y 座標 $> 0 \iff -k^2 + 4 > 0$
　　$\therefore \quad -2 < k < 2 \quad \cdots\cdots ④$

「①'かつ③かつ④を満たす k が存在する」ための x, y の条件は

◀ 判別式を用いてもよいが,頂点の座標がわかっているので,頂点の y 座標の符号を調べる.

$$\begin{cases} -2 < \dfrac{x}{2} < 2 \\ y = -\dfrac{x^2}{4} + 4 \end{cases}$$

であり，求める軌跡は

$$y = -\frac{x^2}{4} + 4 \quad (-4 < x < 4)$$

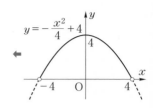

(2) (i) $\begin{cases} x = t^2 - 1 & \cdots\cdots ① \\ y = t^4 + 2t^2 & \cdots\cdots ② \end{cases}$

$\iff \begin{cases} t^2 = x + 1 \\ y = (x+1)^2 + 2(x+1) \end{cases}$

$\iff \begin{cases} t^2 = x + 1 & \cdots\cdots ①' \\ y = x^2 + 4x + 3 & \cdots\cdots ③ \end{cases}$

「①′かつ③を満たす実数 t が存在する」ための x, y の条件は

$$\begin{cases} x + 1 \geqq 0 \\ y = x^2 + 4x + 3 \end{cases}$$

$\therefore \quad y = x^2 + 4x + 3 \quad (x \geqq -1)$

である．図示すると**右図の太線**となる．

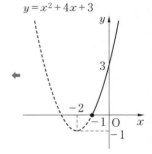

(ii) $\begin{cases} x = 2\cos t & \cdots\cdots ① \\ y = -\sin^2 t & \cdots\cdots ② \end{cases}$

$\iff \begin{cases} \cos t = \dfrac{x}{2} \\ y = -1 + \cos^2 t \end{cases}$

$\iff \begin{cases} \cos t = \dfrac{x}{2} & \cdots\cdots ①' \\ y = -1 + \left(\dfrac{x}{2}\right)^2 & \cdots\cdots ③ \end{cases}$

「①′かつ③を満たす実数 t が存在する」ための x, y の条件は

$$\begin{cases} -1 \leqq \dfrac{x}{2} \leqq 1 \\ y = \dfrac{x^2}{4} - 1 \end{cases}$$

であり，求める軌跡は

$$y = \frac{x^2}{4} - 1 \quad (-2 \leqq x \leqq 2)$$

である．図示すると**右図の太線**となる．

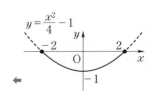

37 円・楕円の媒介変数表示

次の問いに答えよ.

(1) 次のように媒介変数表示された点 (x, y) の軌跡の方程式を求め,図示せよ.

(i) $\begin{cases} x=\sin\theta \\ y=\cos\theta \\ 0\leqq\theta\leqq\dfrac{3\pi}{2} \end{cases}$ 　　(ii) $\begin{cases} x=2\cos\theta \\ y=\sin\theta \\ 0\leqq\theta\leqq\dfrac{4\pi}{3} \end{cases}$

(2) 次のように媒介変数表示された点 (x, y) の軌跡の方程式を求め,図示せよ.

$$\begin{cases} x=\dfrac{1-t^2}{1+t^2} \\ y=\dfrac{2t}{1+t^2} \\ t\geqq-1 \end{cases}$$

精 講　(1)　$x^2+y^2=\sin^2\theta+\cos^2\theta=1$

であり,さらに,$0\leqq\theta\leqq\dfrac{3\pi}{2}$ より

$-1\leqq x\leqq1,\ -1\leqq y\leqq1$

が確認されるからといって,円全体であるとするのは,もちろんダメです.

三角関数 $\cos\theta$,$\sin\theta$ の定義(**12**参照)は,原点を中心とする半径 1 の円周上の点の

　x 座標が $\cos\theta$,y 座標が $\sin\theta$

でした.与えられた条件を満たす θ が存在するような点 (x, y) の集合を求めましょう.

軌跡を求める方法を整理しておきます.

← $\begin{cases} x=\cos\theta \\ y=\sin\theta \end{cases}$
は 円:$x^2+y^2=1$ の媒介変数表示です.

(I) 媒介変数の値が存在するような点の集合を求める.

(II) 媒介変数の図形的意味を考える.

(III) 媒介変数を消去して,点を追跡する.

←解答

←**講 究**

(2) t の消去を考えて

$$x^2+y^2=\left(\frac{1-t^2}{1+t^2}\right)^2+\left(\frac{2t}{1+t^2}\right)^2=1$$

とする人もいるでしょう. 円 $x^2+y^2=1$ 上を点 (x, y) が動くことがわかりましたが, どの部分を 動くかも調べなければなりません. 点 (x, y) を追 跡するには, 数学Ⅲの微分法を使うことになります. t の図形的意味がわかれば(一度は経験しておきた い), 正しく変域をおさえることはできます.

⬅ 必要条件がわかった.

⬅ **講究**(2)**1°**

まずは, t が存在するような点 (x, y) の集合を 求めることにしましょう.

⬅ 解答

解　答

(1) (ⅰ)
$$\begin{cases} x=\sin\theta & \cdots\cdots ① \\ y=\cos\theta & \cdots\cdots ② \\ 0\leqq\theta\leqq\dfrac{3\pi}{2} & \cdots\cdots ③ \end{cases}$$

$$\Longleftrightarrow \begin{cases} \cos\theta=y \\ \sin\theta=x \\ 0\leqq\theta\leqq\dfrac{3\pi}{2} \end{cases}$$

$X=\cos\theta(=y)$, $Y=\sin\theta(=x)$ とおくと, 「①かつ②かつ③を満たす θ が存在する」条件は

$$\begin{cases} X^2+Y^2=1 \\ X\leqq0 \ \ \text{または} \ \ Y\geqq0 \end{cases}$$

$$\Longleftrightarrow \begin{cases} y^2+x^2=1 \\ y\leqq0 \ \ \text{または} \ \ x\geqq0 \end{cases}$$

よって, 軌跡の方程式は

$$\begin{cases} \boldsymbol{x^2+y^2=1} \\ \boldsymbol{x\geqq0} \ \ \textbf{または} \ \ \boldsymbol{y\leqq0} \end{cases}$$

であり, 図示すると**右図の実線部分**となる.

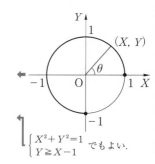

$\begin{cases} X^2+Y^2=1 \\ Y\geqq X-1 \end{cases}$ でもよい.

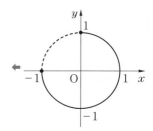

(ⅱ)
$$\begin{cases} x=2\cos\theta & \cdots\cdots ① \\ y=\sin\theta & \cdots\cdots ② \\ 0\leqq\theta\leqq\dfrac{4\pi}{3} & \cdots\cdots ③ \end{cases}$$

$$\iff \begin{cases} \cos\theta = \dfrac{x}{2} \\ \sin\theta = y \\ 0 \le \theta \le \dfrac{4\pi}{3} \end{cases}$$

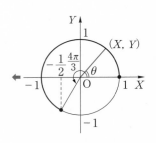

$X = \cos\theta\left(= \dfrac{x}{2}\right)$, $Y = \sin\theta(= y)$ とおくと,

「①かつ②かつ③を満たす θ が存在する」条件は

$$\begin{cases} X^2 + Y^2 = 1 \\ X \le -\dfrac{1}{2} \text{ または } Y \ge 0 \end{cases}$$

$$\iff \begin{cases} \left(\dfrac{x}{2}\right)^2 + y^2 = 1 \\ \dfrac{x}{2} \le -\dfrac{1}{2} \text{ または } y \ge 0 \end{cases}$$

よって, 軌跡の方程式は

$$\begin{cases} \dfrac{x^2}{2^2} + y^2 = 1 \\ \boldsymbol{x \le -1} \text{ または } \boldsymbol{y \ge 0} \end{cases}$$

であり, 図示すると**右図の実線部分**となる.

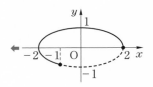

(2) $\begin{cases} x = \dfrac{1-t^2}{1+t^2} & \cdots\cdots ① \\ y = \dfrac{2t}{1+t^2} & \cdots\cdots ② \\ t \ge -1 & \cdots\cdots ③ \end{cases}$

①を変形すると $x = \dfrac{2}{1+t^2} - 1$ であり

「①かつ②」

$$\iff \begin{cases} \dfrac{2}{1+t^2} = x+1 & \cdots\cdots ①' \\ y = t(x+1) & \cdots\cdots ④ \end{cases}$$

◆代入法の原理

$$\iff \begin{cases} t = \dfrac{y}{x+1} & \cdots\cdots ④' \\ (x+1)(1+t^2) = 2 & \cdots\cdots ①'' \end{cases}$$

◆①'より $x+1 \neq 0$

$$\iff \begin{cases} t = \dfrac{y}{x+1} & \cdots\cdots ④' \\ (x+1) + \dfrac{y^2}{x+1} = 2 & \cdots\cdots ⑤ \end{cases}$$

◆代入法の原理

$$\Longleftrightarrow \begin{cases} t = \dfrac{y}{x+1} & \cdots\cdots ④' \\ x^2 + y^2 = 1 & \cdots\cdots ⑤' \end{cases}$$

← $x+1 \neq 0$

である．したがって

$$\lceil①かつ②かつ③\rfloor \Longleftrightarrow \begin{cases} t = \dfrac{y}{x+1} & \cdots\cdots ④' \\ x^2 + y^2 = 1 & \cdots\cdots ⑤' \\ \dfrac{y}{x+1} \geqq -1 & \cdots\cdots ⑥ \end{cases}$$

である．ここで

$$⑥ : \frac{y}{x+1} \geqq -1 \Longleftrightarrow \frac{y+x+1}{x+1} \geqq 0$$

$$\Longleftrightarrow \begin{cases} (x+1)(y+x+1) \geqq 0 \\ x+1 \neq 0 \end{cases}$$

←

であるから，「④'かつ⑤'かつ⑥を満たす t が存在する」条件は

$$\begin{cases} x^2 + y^2 = 1 \\ (x+1)(y+x+1) \geqq 0 \\ x+1 \neq 0 \end{cases}$$

であり，図示すると**右図の円の実線部分**となるから，軌跡の方程式は

$$\begin{cases} x^2 + y^2 = 1 \\ y+x+1 \geqq 0 \end{cases} かつ (x, y) \neq (-1, 0)$$

である．

$y+x+1=0$

← 図を見ながら式をまとめた．
$\begin{cases} x^2 + y^2 = 1 \\ x \geqq 0 \ または \ y > 0 \end{cases}$
と答えてもよい．

 (1) 別解を示す．

1°　x 座標，y 座標をそれぞれ $\cos$, $\sin$ で表すように式変形する．

$$\lceil①かつ②かつ③\rfloor \Longleftrightarrow \begin{cases} x = \cos\left(\dfrac{\pi}{2} - \theta\right) \\ y = \sin\left(\dfrac{\pi}{2} - \theta\right) \\ -\pi \leqq \dfrac{\pi}{2} - \theta \leqq \dfrac{\pi}{2} \end{cases}$$

これにより，**解答**の図を得る．

2°　媒介変数 θ の消去を考えると

$$x^2 + y^2 = \sin^2\theta + \cos^2\theta = 1$$

これより，求める軌跡は円 $x^2 + y^2 = 1$ 上にある．　← 必要条件を求めた．

θ の変化による点の動きを調べる（**点を追跡す
る**）．

x，y の増減は次のようになる．

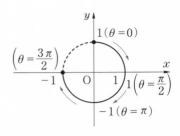

θ	0	$\cdots$	$\dfrac{\pi}{2}$	$\cdots$	π	$\cdots$	$\dfrac{3\pi}{2}$
$x=\sin\theta$	0	$\nearrow$	1	$\searrow$	0	$\searrow$	-1
$y=\cos\theta$	1	$\searrow$	0	$\searrow$	-1	$\nearrow$	0

　これにより，求める軌跡は右図の太線部分となる．

3°　楕円の方程式 $\dfrac{x^2}{a^2}+\dfrac{y^2}{b^2}=1$ は円 $x^2+y^2=a^2$ を

y 軸方向に $\dfrac{b}{a}$ 倍したものである．円の

媒介変数表示

$$\begin{cases} x=a\cos\theta \\ y=a\sin\theta \end{cases}$$

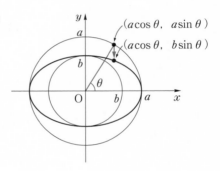

を y 軸方向に $\dfrac{b}{a}$ 倍すると

$$\begin{cases} x=a\cos\theta \\ y=\dfrac{b}{a}\times a\sin\theta=b\sin\theta \end{cases}$$

$$\therefore \quad \begin{cases} \boldsymbol{x=a\cos\theta} \\ \boldsymbol{y=b\sin\theta} \end{cases}$$

として楕円の媒介変数表示が得られる．

　このとき，**θ は楕円上の点とOを結ぶ
動径が x 軸となす角ではなく，もとの円
上の点とOを結ぶ動径が x 軸となす角で
ある．**

　本問(1)(ii)の $\begin{cases} x=2\cos\theta \\ y=\sin\theta \end{cases}$ が描く図形

は円 $x^2+y^2=2^2$ を y 軸方向に $\dfrac{1}{2}$ 倍し

たものであり，θ の範囲に注意して(ii)を
図示すると右図の太線部分となる．

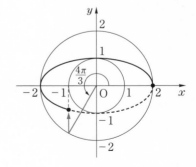

(2)　**1°**　(2)の媒介変数表示をつくってみよう．円
$$x^2+y^2=1 \quad \cdots\cdots ⑦$$
と点 A$(-1,\ 0)$ を通る傾き t の直線
$$y=t(x+1) \quad \cdots\cdots ④$$
との交点を考える．A は⑦上の点であり，A と異なる交点を P$(x,\ y)$ とする．
⑦，④を連立すると
$$x^2-1+t^2(x+1)^2=0$$
$$(x+1)\{(1+t^2)x+t^2-1\}=0$$
P$\neq$A より，$x\neq-1$ であり
$$x=\frac{1-t^2}{1+t^2}$$
したがって

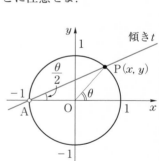

傾き t

P$(x,\ y)$

傾き -1

$$y=t\left(\frac{1-t^2}{1+t^2}+1\right)=\frac{2t}{1+t^2}$$

これらは(2)の①，②であり，(2)は④の傾き t による⑦の媒介変数表示である
ことがわかった．ただし，A は除く．

したがって，t が③の範囲で動くときの軌跡は右上図の太線部分となる．端
点は $(0,\ -1)$ は含むが，A$(-1,\ 0)$ は除かれることに注意せよ．

2°　(2)の分数関数で表された円の媒介変数表示と
三角関数で表された円の媒介変数表示との関係
を探ってみる．

右図のように動径 OP と x 軸とのなす角を
$\theta(-\pi<\theta<\pi)$ とすると，直線 AP の傾き t は
$$t=\tan\frac{\theta}{2}$$
であり

傾き t

P$(x,\ y)$

$$x=\cos\theta=\cos\left(2\cdot\frac{\theta}{2}\right)=2\cos^2\frac{\theta}{2}-1$$

$$=\frac{2}{1+\tan^2\dfrac{\theta}{2}}-1=\frac{1-\tan^2\dfrac{\theta}{2}}{1+\tan^2\dfrac{\theta}{2}}=\frac{1-t^2}{1+t^2}$$

$$y=\sin\theta=\sin\left(2\cdot\frac{\theta}{2}\right)=2\sin\frac{\theta}{2}\cos\frac{\theta}{2}=2\tan\frac{\theta}{2}\cdot\cos^2\frac{\theta}{2}=\frac{2t}{1+t^2}$$

これにより，2つの媒介変数表示がつながった．

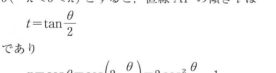

第4章

38　双曲線の媒介変数表示

次のように媒介変数表示された点 (x, y) の軌跡の方程式を求め，図示せよ．

(1) $\begin{cases} x = \dfrac{1}{\cos t} \\[2mm] y = \sqrt{3}\,\tan t \end{cases}$ （法政大・改）

(2) $\begin{cases} x = t + \dfrac{1}{t} \\[2mm] y = t - \dfrac{1}{t} \\[2mm] t \geqq -1 \ \text{（ただし，}\ t \neq 0\text{）} \end{cases}$ （岐阜薬大・改）

精　講　(1) $\dfrac{1}{\cos t}$，$\tan t$ の関係式として

$$1 + \tan^2 t = \frac{1}{\cos^2 t}$$

があります．この式に代入して t を消去すると

← $\cos^2 t + \sin^2 t = 1$ の両辺を $\cos^2 t$ で割ると得られる．ただし $\cos t \neq 0$ とする．

$$1 + \left(\frac{y}{\sqrt{3}}\right)^2 = x^2 \qquad \therefore \quad x^2 - \frac{y^2}{3} = 1$$

であり，双曲線 $x^2 - \dfrac{y^2}{3} = 1$ 上を点 (x, y) が動く

ことはわかりますが，除外点があるのかないのかは
調べていません．

t が存在するような点 (x, y) の集合として軌跡
を求めましょう．

← $0 \leqq \theta < 2\pi$，$\theta \neq \dfrac{\pi}{2}$，$\dfrac{3\pi}{2}$ として点 (x, y) を追跡してもよい．

(2) $x^2 - y^2 = \left(t + \dfrac{1}{t}\right)^2 - \left(t - \dfrac{1}{t}\right)^2 = 4$

とし，$t \geqq -1$ における x，y の範囲をそれぞれ

$\quad x \leqq -2$ または $x \geqq 2$

$\quad y$ は実数全体

と求め，この範囲で図示してもダメです．

ここでも t が存在するような点 (x, y) の集合と
して軌跡を求めましょう．

← もちろん，点 (x, y) を追跡するならばO.K. です．

解　答

(1) $\begin{cases} x=\dfrac{1}{\cos t} & \cdots\cdots ① \\ y=\sqrt{3}\tan t & \cdots\cdots ② \end{cases}$

$\quad① \iff x\cos t=1 \iff \cos t=\dfrac{1}{x}$

であるから

$\qquad$「①かつ②」

$\iff \begin{cases} \cos t=\dfrac{1}{x} \\ \tan t=\dfrac{y}{\sqrt{3}} \end{cases}$

$\iff \begin{cases} \cos t=\dfrac{1}{x} \\ \sin t=\dfrac{y}{\sqrt{3}\,x} \end{cases}$

「①かつ②を満たす t が存在する」ための $x,\ y$ の条件は

$\qquad \left(\dfrac{1}{x}\right)^2+\left(\dfrac{y}{\sqrt{3}\,x}\right)^2=1$

$\iff \begin{cases} 1+\dfrac{y^2}{3}=x^2 & \cdots\cdots ③ \\ x^2\neq0 \end{cases}$

③が成り立つときは $x\neq0$ であるから，求める方程式は

$\qquad x^2-\dfrac{y^2}{3}=1$

であり，図示すると**右図の実線部分**となる.

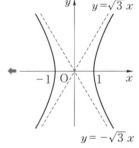

(2) $\begin{cases} x=t+\dfrac{1}{t} & \cdots\cdots ① \\ y=t-\dfrac{1}{t} & \cdots\cdots ② \\ t\geqq-1 & \cdots\cdots ③ \end{cases}$

$\iff \begin{cases} x+y=2t \\ x-y=\dfrac{2}{t} \\ t\geqq-1 \end{cases}$

◀①では $\cos t\neq0$ は前提であるが，左の変形は同値変形であり，$x\cos t=1$ においては $x\neq0$ かつ $\cos t\neq0$ であることに注意してほしい.

◀$\tan t=\dfrac{\sin t}{\cos t}$

◀問題文中の「$t\neq0$」は①（または②）に含まれているから，③は単に $t\geqq-1$ とした.

◀加減法の原理

$$\Longleftrightarrow \begin{cases} t = \dfrac{x+y}{2} \\[2mm] \dfrac{1}{t} = \dfrac{x-y}{2} \\[2mm] t \geqq -1 \end{cases}$$

「①かつ②かつ③を満たす t が存在する」ための x, y の条件は

$$\begin{cases} \dfrac{1}{\dfrac{x+y}{2}} = \dfrac{x-y}{2} \\[4mm] \dfrac{x+y}{2} \geqq -1 \end{cases}$$

$$\Longleftrightarrow \begin{cases} (x+y)(x-y) = 4 \\ x+y \neq 0 \\ x+y \geqq -2 \end{cases}$$

$$\Longleftrightarrow \begin{cases} \boldsymbol{x^2 - y^2 = 4} \\ \boldsymbol{x+y \geqq -2} \end{cases}$$

であり，図示すると**右図の実線部分**となる．

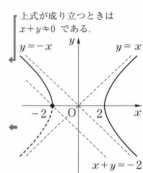

上式が成り立つときは $x+y \neq 0$ である．

講究 双曲線 $\dfrac{x^2}{a^2} - \dfrac{y^2}{b^2} = 1 \ (a>0, \ b>0) \ \cdots\cdots(*)$ の媒介変数表示を求めよう．

1° 双曲線 $(*)$ 上の点 P から x 軸に下ろした垂線の足を Q とし，Q から O を中心とする半径 a の円

$$x^2 + y^2 = a^2 \qquad \cdots\cdots ⑦$$

に接線を引く．接線は 2 本引けるが，接点 T が P と同じ象限にあるように引くものとする．このとき，動径 OT と x 軸とのなす角を θ とすると

$$\mathrm{Q}\!\left(\dfrac{a}{\cos\theta}, \ 0\right)$$

である．このとき，P の y 座標は

$$y^2 = b^2\!\left(\dfrac{x^2}{a^2} - 1\right) = b^2\!\left(\dfrac{1}{\cos^2\theta} - 1\right) = b^2 \tan^2\theta$$

$$\therefore \quad y = \pm b\tan\theta$$

P から y 軸に下ろした垂線と直線 OT の交点を R とすると，双曲線 $(*)$ 上

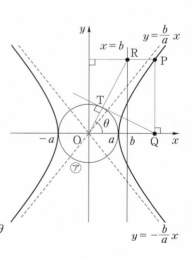

の点Pの座標 (x, y) は

$(x, y)=(\text{Q の } x \text{ 座標}, \text{R の } y \text{ 座標})$

と媒介変数表示することができる．円㋐を双曲線の補助円という．

R の y 座標は，P が第 1，4 象限のときは，直線 OT と直線 $x=b$ との交点であり，また，P が第 2，3 象限のときは，直線 OT と直線 $x=-b$ との交点である．すなわち

P が第 1，4 象限のとき，$\mathrm{R}(b, b\tan\theta)$ であり，$\mathrm{P}\left(\dfrac{a}{\cos\theta}, b\tan\theta\right)$，

P が第 2，3 象限のとき，$\mathrm{R}(-b, -b\tan\theta)$ であり，$\mathrm{P}\left(\dfrac{a}{\cos\theta}, -b\tan\theta\right)$

と P を媒介変数表示することができる．

2° 双曲線($*$)の漸近線の 1 つと平行な直線

$$y=-\frac{b}{a}x+bt \quad (t\neq0) \quad \cdots\cdots ㋑$$

を考える．($*$)と㋑を連立すると

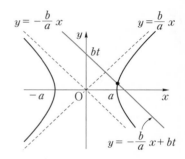

$$\frac{x^2}{a^2}-\frac{1}{b^2}\cdot\frac{b^2}{a^2}(x-at)^2=1$$

$$2atx-a^2t^2=a^2$$

$$\therefore \quad x=\frac{a}{2}\left(t+\frac{1}{t}\right)$$

$$y=-\frac{b}{a}\cdot\frac{a}{2}\left(t+\frac{1}{t}\right)+bt=\frac{b}{2}\left(t-\frac{1}{t}\right)$$

であり，双曲線($*$)上の点は

$$(\boldsymbol{x}, \boldsymbol{y})=\left(\frac{\boldsymbol{a}}{\boldsymbol{2}}\left(\boldsymbol{t}+\frac{\boldsymbol{1}}{\boldsymbol{t}}\right), \frac{\boldsymbol{b}}{\boldsymbol{2}}\left(\boldsymbol{t}-\frac{\boldsymbol{1}}{\boldsymbol{t}}\right)\right)$$

と媒介変数表示することができる．

ここで，$x\geqq a$ として，考える対象を双曲線の右枝に制限すると，$bt>0$ であり，$b>0$ より $t>0$ であるから $t=c^u$（c は正の定数）とおくことができる．このとき双曲線上の点は

$$(\boldsymbol{x}, \boldsymbol{y})=\left(\boldsymbol{a}\frac{\boldsymbol{c^u+c^{-u}}}{\boldsymbol{2}}, \boldsymbol{b}\frac{\boldsymbol{c^u-c^{-u}}}{\boldsymbol{2}}\right)$$

と媒介変数表示できる．

底 c を $e(=2.7182818\cdots)$ とし，

$$x(u)=\frac{e^u+e^{-u}}{2}, \quad y(u)=\frac{e^u-e^{-u}}{2}$$

とすると，これらは双曲線関数とよばれるものであり，この先には，三角関数と類似した分野がある．

39　交点の軌跡

次の問いに答えよ.

(1)　xy 平面上の 2 直線 $tx-y=t$, $x+ty=-2t-1$ の交点をPとおく. t が実数全体を動くとき,点Pの軌跡を求め,図示せよ.

(関西学院大・改)

(2)　xy 平面上の 2 直線 $y=x+4\sin\theta+1$, $y=-x+4\cos\theta-3$ の交点をP とおく. θ が実数全体を動くとき,点Pの軌跡を求め,図示せよ.

(慶應大・改)

精講　(1)　2 直線の交点の座標は
$$(x,\ y)=\left(\frac{t^2-2t-1}{t^2+1},\ \frac{-2t^2-2t}{t^2+1}\right)$$
ですが,ここから軌跡を求めるのは遠回りです.

　点 $(x,\ y)$ が 2 直線の交点であるか否かは,点 $(x,\ y)$ を交点とする 2 つの直線を定める実数 t が存在するか否かで決まります.したがって,交点の軌跡は　◀ 交点の座標は求めなくてよい.

2 つの方程式を満たす実数 t が存在するような点 $(x,\ y)$ の集合

です.

　この問題では,2 直線の位置関係からPの軌跡を求めることもできます.　◀ **講究** (1)

(2)　交点を求めるか,(1)のように実数 θ が存在するような点 $(x,\ y)$ の集合を求めるかは悩むところです.

　交点は $\cos\theta$, $\sin\theta$ で表されます.三角関数の合成公式あるいはベクトルを利用して図形的意味を考えるとよいでしょう.　◀ **講究** (2)

　実数 θ が存在する条件を考えたときは,$\cos^2\theta+\sin^2\theta=1$ に代入して,計算まっしぐらです.

解　答

(1)　$tx-y=t$　　　……①
　　　$x+ty=-2t-1$　……②
　t について式を整理すると

「①かつ②」

$$\Longleftrightarrow \begin{cases} (x-1)\,t=y & \cdots\cdots ①' \\ (y+2)\,t=-(x+1) & \cdots\cdots ②' \end{cases}$$

「①′かつ②′を満たす実数 t が存在する」ための x, y の条件を求める.

←①′, ②′は t についての1次以下の方程式である. **1** の **講** **究** 2° を参照.

(ⅰ)　$x-1=0$ $(x=1)$ のとき

$$「①'かつ②'」\Longleftrightarrow \begin{cases} 0\cdot t=y \\ (y+2)\,t=-2 \end{cases}$$

　　$\therefore$　$y=0,\ t=-1$

　　$(x,\ y)=(1,\ 0)$ は条件を満たす.

←このとき t は $t=-1$ として存在する.

(ⅱ)　$x-1\neq0$ $(x\neq1)$ のとき

$$「①'かつ②'」\Longleftrightarrow \begin{cases} t=\dfrac{y}{x-1} \\ (y+2)\cdot\dfrac{y}{x-1}=-(x+1) \end{cases}$$

←代入法の原理

　　求める x, y の条件は

$$(y+2)\cdot\frac{y}{x-1}=-(x+1)$$
$$\Longleftrightarrow y^2+2y=-(x^2-1)$$
$$\Longleftrightarrow x^2+(y+1)^2=2$$

←$x\neq1$ のもとで考えている.

(ⅰ), (ⅱ)より求める軌跡は

　　$x^2+(y+1)^2=2$ かつ $(x,\ y)\neq(1,\ -2)$

であり, 図示すると**右図の太線部分**となる.

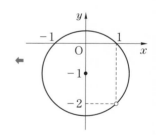

←

(2)　　$y=x+4\sin\theta+1$　$\cdots\cdots$ ①
　　　　$y=-x+4\cos\theta-3$　$\cdots\cdots$ ②

より

$$\sin\theta=\frac{y-x-1}{4},\ \ \cos\theta=\frac{y+x+3}{4}$$

であり, 「①かつ②を満たす実数 θ が存在する」ための x, y の条件は

$$\left(\frac{y+x+3}{4}\right)^2+\left(\frac{y-x-1}{4}\right)^2=1$$
$$2x^2+2y^2+8x+4y+10=16$$
$$x^2+y^2+4x+2y=3$$

よって, 求める軌跡は円

　　$(x+2)^2+(y+1)^2=8$

であり, 図示すると**右図の太線部分**となる.

$\cos^2\theta+\sin^2\theta=1$

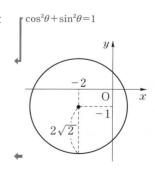

←

講究　(1) $\begin{cases} (x-1)t=y & \cdots\cdots \text{①}' \\ (y+2)t=-(x+1) & \cdots\cdots \text{②}' \end{cases}$

①′, ②′より, t の値に関わらず①, ②はそれぞれ
定点 A(1, 0), B(−1, −2) を通る直線

であり, $\begin{pmatrix} t \\ -1 \end{pmatrix} \cdot \begin{pmatrix} 1 \\ t \end{pmatrix}=0$ より　　　　　　　　　　　←①, ②の法線ベクトルの内積
　　　　　　　　　　　　　　　　　　　　　　　　　　　　　　　 ＝0

　　①⊥②

である. したがって, ①, ②の交点は A, B を直
径の両端とする円上を動く. また, ①は y 軸と平行
な直線ではなく, ②は x 軸と平行な直線ではないか
ら点 (1, −2) は除く (右図).

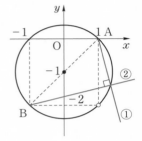

　　これが求める軌跡である.

❗注意　この解法は, 一見鮮やかな解答にみえるが,
①⊥② が成り立たなければこれは使えない. そ
のときは**解答**のように t の存在条件を求めること
になる.

(2)　**1°**　$\begin{cases} y=x+4\sin\theta+1 & \cdots\cdots \text{①} \\ y=-x+4\cos\theta-3 & \cdots\cdots \text{②} \end{cases}$

①, ②を連立して交点を求めると

$\begin{cases} x=2\cos\theta-2\sin\theta-2 & \cdots\cdots \text{①}' \\ y=2\sin\theta+2\cos\theta-1 & \cdots\cdots \text{②}' \end{cases}$

それぞれ合成すると

$$x=2\sqrt{2}\left(\cos\theta\cdot\frac{1}{\sqrt{2}}-\sin\theta\cdot\frac{1}{\sqrt{2}}\right)-2$$

$$=2\sqrt{2}\cos\left(\theta+\frac{\pi}{4}\right)-2 \qquad \cdots\cdots \text{①}''$$　　　←x は cos で表す.

$$y=2\sqrt{2}\left(\sin\theta\cdot\frac{1}{\sqrt{2}}+\cos\theta\cdot\frac{1}{\sqrt{2}}\right)-1$$

$$=2\sqrt{2}\sin\left(\theta+\frac{\pi}{4}\right)-1 \qquad \cdots\cdots \text{②}''$$　　　←y は sin で表す.

であり

$$\cos\left(\theta+\frac{\pi}{4}\right)=\frac{x+2}{2\sqrt{2}}, \quad \sin\left(\theta+\frac{\pi}{4}\right)=\frac{y+1}{2\sqrt{2}}$$

である. θ は実数全体を動くから, 求める軌跡の方程式は

$$\left(\frac{x+2}{2\sqrt{2}}\right)^2+\left(\frac{y+1}{2\sqrt{2}}\right)^2=1$$　　　←$\theta+\dfrac{\pi}{4}$ が存在するための

$$\therefore \quad (x+2)^2+(y+1)^2=8$$　　　x, y の条件である.

2°　x は cos，y は sin になるように合成したから，
①″，②″をベクトルで表すと

$$\begin{pmatrix} x \\ y \end{pmatrix} = \begin{pmatrix} -2 \\ -1 \end{pmatrix} + 2\sqrt{2}\begin{pmatrix} \cos\left(\theta+\dfrac{\pi}{4}\right) \\ \sin\left(\theta+\dfrac{\pi}{4}\right) \end{pmatrix}$$

←図形的意味を考える.

であり，これは点 $(-2,\ -1)$ を中心とする半径 $2\sqrt{2}$
の円を表している.

　合成を使わず，①′，②′をベクトルで表すと

$$\begin{pmatrix} x \\ y \end{pmatrix} = \begin{pmatrix} -2 \\ -1 \end{pmatrix} + \cos\theta\begin{pmatrix} 2 \\ 2 \end{pmatrix} + \sin\theta\begin{pmatrix} -2 \\ 2 \end{pmatrix}$$

←円のベクトル方程式である.

であり，$\begin{pmatrix} 2 \\ 2 \end{pmatrix}$，$\begin{pmatrix} -2 \\ 2 \end{pmatrix}$ はどちらも大きさ $2\sqrt{2}$，かつ
$\begin{pmatrix} 2 \\ 2 \end{pmatrix} \perp \begin{pmatrix} -2 \\ 2 \end{pmatrix}$ であるから，これは点 $(-2,\ -1)$ を中
心とする半径 $2\sqrt{2}$ の円を表している.

40 接線のなす角が一定な点の軌跡

xy 平面上の点 $\mathrm{P}(x_0,\ y_0)$ から放物線 $C:y=\dfrac{x^2}{2}$ へ 2 本の接線が引ける

とし，接点を Q，R とする．

(1) $\angle \mathrm{QPR}=90°$ となるような点 P の軌跡を図示せよ．

(2) $\angle \mathrm{QPR}=45°$ となるような点 P の軌跡を図示せよ．

(山梨大)

精 講 P から放物線への接線は微分を用いるか，判別式を用いるかで，また接線のなす角 ←解法の方針をキチンと立てる．
はベクトルを用いるか，加法定理を用いるかで解法が
分かれるでしょう．

解 答

(1) $C:y=\dfrac{x^2}{2}$ より，$y'=x$ であり，C の $x=t$ に

おける接線の方程式は

$$y=t(x-t)+\dfrac{t^2}{2}$$

←$y=f(x)$ 上の点 $(a,\ f(a))$ における接線の方程式は
$\quad y=f'(a)(x-a)+f(a)$
である．

$$\therefore\quad y=tx-\dfrac{t^2}{2}$$

である．この接線は点 $\mathrm{P}(x_0,\ y_0)$ を通るから

$$y_0=tx_0-\dfrac{t^2}{2}$$

$$\therefore\quad t^2-2x_0t+2y_0=0 \quad\cdots\cdots ①$$

P から接線は 2 本引けるから，①は異なる 2 つの実
数解をもつ．①の判別式を D とすると

←本問では，接線が重なることはないので，接線が 2 本存在するということは，接点が 2 個存在するということでもある．

$$\dfrac{D}{4}=x_0{}^2-2y_0>0$$

$$\therefore\quad y_0<\dfrac{x_0{}^2}{2} \quad\cdots\cdots ②$$

①の異なる 2 実数解を $\alpha,\ \beta$ とすると，これらは 2
接線の傾きでもある．

←接線の傾きは t である．

$$\angle \mathrm{QPR}=90° \iff \alpha\beta=-1 \quad\cdots\cdots ③$$

←(傾きの積)$=-1$

「②かつ③を満たす①の解 α, β が存在する」ための x_0, y_0 の条件を求める.

③ $\Longleftrightarrow 2y_0 = -1$

$\therefore \quad y_0 = -\dfrac{1}{2}$

← 解と係数の関係

このとき，②は成り立ち，①は異なる 2 実数解 α, β をもつ.

よって，P の軌跡は直線 $y = -\dfrac{1}{2}$ であり，図示すると**右図の太線部分**となる.

←

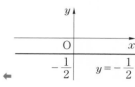

(2) $\alpha < \beta$ とし，Q，R の x 座標をそれぞれ α, β とすると，$\overrightarrow{PQ}$，$\overrightarrow{PR}$ と同じ向きのベクトルとして

$$\vec{q} = \begin{pmatrix} -1 \\ -\alpha \end{pmatrix}, \quad \vec{r} = \begin{pmatrix} 1 \\ \beta \end{pmatrix}$$

をとることができる.

$\angle QPR = 45°$

$\Longleftrightarrow \vec{q}$, $\vec{r}$ のなす角 $= 45°$

$\Longleftrightarrow \dfrac{-1 - \alpha\beta}{\sqrt{1+\alpha^2}\sqrt{1+\beta^2}} = \dfrac{1}{\sqrt{2}}$

$\Longleftrightarrow -\sqrt{2}\,(1 + \alpha\beta) = \sqrt{1+\alpha^2}\sqrt{1+\beta^2}$

$\Longleftrightarrow \begin{cases} 2(1+\alpha\beta)^2 = (1+\alpha^2)(1+\beta^2) & \cdots\cdots ④ \\ 1 + \alpha\beta \leqq 0 & \cdots\cdots ⑤ \end{cases}$

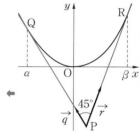

← $\dfrac{\vec{q} \cdot \vec{r}}{|\vec{q}||\vec{r}|} = \cos 45°$

← 無理方程式の同値変形

「②かつ④かつ⑤を満たす①の解 α, β が存在する」ための x_0, y_0 の条件を求める.

解と係数の関係を用いると，④は

$2(1+\alpha\beta)^2 = 1 + (\alpha+\beta)^2 - 2\alpha\beta + \alpha^2\beta^2$

$2(1+2y_0)^2 = 1 + 4x_0{}^2 - 2 \times 2y_0 + 4y_0{}^2$

$4x_0{}^2 - 4y_0{}^2 - 12y_0 = 1$

$4x_0{}^2 - 4\left(y_0 + \dfrac{3}{2}\right)^2 = -8$

← $\begin{cases} \alpha+\beta = 2x_0 \\ \alpha\beta = 2y_0 \end{cases}$

また，⑤は

$1 + 2y_0 \leqq 0$

このとき，②は成り立ち，①は異なる 2 実数解 α, β をもつ.

以上より，Pの軌跡は双曲線の片枝

$$
\begin{cases}
\dfrac{x^2}{2}-\dfrac{\left(y+\dfrac{3}{2}\right)^2}{2}=-1 \\[2mm]
y\leqq-\dfrac{1}{2}
\end{cases}
$$

であり，図示すると**右図の太線部分**となる．

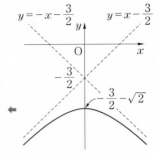

講 究 別解を示す．

(1) 点 $(x_0,\ y_0)$ を通る接線は y 軸と平行ではないから

$$
y=m(x-x_0)+y_0 \qquad\cdots\cdots ㋐
$$

とおくことができる．$C:y=\dfrac{x^2}{2}$ と連立して

$$
\dfrac{x^2}{2}=mx-mx_0+y_0
$$

$$
\therefore\quad x^2-2mx+2mx_0-2y_0=0 \qquad\cdots\cdots ㋑
$$

㋐と C は接するから，(㋑の判別式)$=0$ であり

$$
m^2-2x_0m+2y_0=0 \qquad\cdots\cdots ㋒
$$

である．Pから C に 2 本の接線が引けるのは，㋒が異なる 2 つの実数解をもつときであるから

$$
(-x_0)^2-2y_0>0 \qquad\therefore\quad y_0<\dfrac{{x_0}^2}{2} \qquad\cdots\cdots ㋓
$$

であり，2 つの実数解を $m_1,\ m_2$ とすると，これらは 2 接線の傾きでもある．

$$
\angle \mathrm{QPR}=90° \iff m_1m_2=-1 \qquad\cdots\cdots ㋔
$$

「㋓かつ㋔を満たす㋒の解 $m_1,\ m_2$ が存在する」ための $x_0,\ y_0$ の条件を求める．

$$
㋔ \iff 2y_0=-1 \quad(\because\ \text{解と係数の関係})
$$

$y_0=-\dfrac{1}{2}$ のとき，㋓は成り立ち，㋒は異なる 2 実数解 $m_1,\ m_2$ をもつ．よって，点Pの軌跡は

$$
y=-\dfrac{1}{2}
$$

参考 $C:x^2=4\cdot\dfrac{1}{2}y$ より，$y=-\dfrac{1}{2}$ は放物線 C の**準線**である．←**28**参照．

(2) 2 つの 2 実数解 $m_1,\ m_2$ を $m_1<m_2$ とし，$m_1,\ m_2$ を傾きとする接線と x 軸の正方向とのなす角をそれぞれ $\theta_1,\ \theta_2$ とすると

$$
\angle \mathrm{QPR}=45°
$$

$$\iff \tan(\theta_1 - \theta_2) = \tan 45°$$

$$\iff \frac{m_1 - m_2}{1 + m_1 m_2} = 1 \qquad \cdots\cdots ㋕$$

$m_1 < m_2$ より

$$㋕ \iff \begin{cases} (m_1 - m_2)^2 = (1 + m_1 m_2)^2 & \cdots\cdots ㋖ \\ 1 + m_1 m_2 < 0 & \cdots\cdots ㋗ \end{cases}$$

である.「㋓かつ㋖かつ㋗を満たす㋒の解 m_1, m_2 が存在する」ための x_0, y_0 の条件を求める. 解と係数の関係を用いると, ㋖は

$$(m_1 + m_2)^2 - 4m_1 m_2 = (1 + m_1 m_2)^2$$
$$4x_0{}^2 - 4 \times 2y_0 = (1 + 2y_0)^2$$
$$4x_0{}^2 - 4y_0{}^2 - 12y_0 = 1$$
$$4x_0{}^2 - 4\left(y_0 + \frac{3}{2}\right)^2 = -8$$

また, ㋗は

$$1 + 2y_0 < 0$$

このとき, ㋓は成り立ち, ㋒は異なる 2 実数解 m_1, m_2 をもつ.

以上より, 求める軌跡は双曲線の片枝である.

$$\begin{cases} \dfrac{x^2}{2} - \dfrac{\left(y + \dfrac{3}{2}\right)^2}{2} = -1 \\ y < -\dfrac{1}{2} \end{cases}$$

❗注意

1° **解答**では $y \leqq -\dfrac{1}{2}$, **講究**では $y < -\dfrac{1}{2}$ としたが, どちらも求める軌跡が双曲線の片枝であることに変わりはない.

2° 条件 $\angle QPR = 45°$ を 2 本の接線のなす角に置き換えるときは, 下図の(ⅱ)を排除しなければならない. ㋕の両辺を安易に平方すると(ⅱ)が含まれてしまう.「㋖かつ㋗」と同値変形することが大切である.

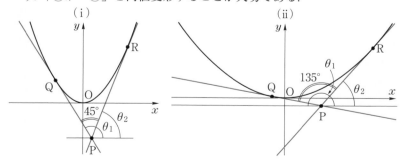

41 分点の軌跡

次の問いに答えよ.

(1) 点Pが放物線 $y=x^2$ 上を動くとき,定点 A(1, 4) と点Pとを結ぶ線分 APを 1:2 に内分する点Qの軌跡を求めよ.

(福島大・改)

(2) 2点 A(0, 3),B(0, 1) と円 $(x-2)^2+(y-2)^2=1$ が与えられている. 点Pがこの円周上を動くとき,△ABPの重心Gの軌跡を求めよ.

(高崎経済大・改)

精 講　点Pが曲線C上を動き,Pに対応してQ が決まります.Qの軌跡を C' としましょう.Qが C' 上にあるということは,Qに対応するようなPがC上にあるということですから,C' は

与えられた対応関係を満たすPが存在するような点Qの集合

です.Pの座標を (a, b),Qの座標を (x, y) とするとき,**a, b を x, y で表すことができれば**,これをCの条件式に代入することにより,x, y の条件式,すなわち C' の方程式を得ることができます.

←P ⟼ Q

←P(a, b) ⟼ Q(x, y)

解 答

(1) P,Qの座標をそれぞれ (a, b),(x, y) とすると,Qは線分 AP を 1:2 に内分する点であるから

$$\begin{cases} x=\dfrac{1\cdot a+2\cdot 1}{3}=\dfrac{a+2}{3} & \cdots\cdots ① \\ y=\dfrac{1\cdot b+2\cdot 4}{3}=\dfrac{b+8}{3} & \cdots\cdots ② \end{cases}$$

Pは放物線 $y=x^2$ 上を動くから

$$b=a^2 \quad\cdots\cdots ③$$

「①かつ②かつ③を満たす a, b が存在する」ための x, y の条件を求める.

$$\begin{cases} a=3x-2 & \cdots\cdots ①' \\ b=3y-8 & \cdots\cdots ②' \end{cases}$$

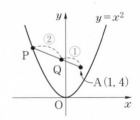

①′，②′を③に代入すると
$$3y-8=(3x-2)^2$$
よって，求める軌跡は
$$y=3\left(x-\frac{2}{3}\right)^2+\frac{8}{3}$$
$$\boldsymbol{y=3x^2-4x+4}$$

(2) P，G の座標をそれぞれ $(a,\ b)$，$(x,\ y)$ とすると，G は △ABP の重心より
$$\begin{cases} x=\dfrac{0+0+a}{3}=\dfrac{a}{3} & \cdots\cdots ① \\[2mm] y=\dfrac{3+1+b}{3}=\dfrac{b+4}{3} & \cdots\cdots ② \end{cases}$$

P は円 $(x-2)^2+(y-2)^2=1$ 上を動くから
$$(a-2)^2+(b-2)^2=1 \quad \cdots\cdots ③$$
「①かつ②かつ③を満たす a，b が存在する」ための x，y の条件を求める．
$$a=3x \quad \cdots\cdots ①'$$
$$b=3y-4 \quad \cdots\cdots ②'$$
①′，②′を③に代入すると
$$(3x-2)^2+(3y-4-2)^2=1$$
よって，求める軌跡は
$$\left(x-\frac{2}{3}\right)^2+(y-2)^2=\frac{1}{9}$$

$\Leftarrow$ 中心 $\left(\dfrac{2}{3},\ 2\right)$，半径 $\dfrac{1}{3}$ の円である．

 (2)の [別解] を示す．

G は △ABP の重心であるから，線分 AB の中点をMとすると，G は中線 PM を 2:1 に内分する点である．P に対応する G の関係は，**M を中心とする $\frac{1}{3}$ 倍の相似変換**とみることができる．P は
中心 $(2,\ 2)$，半径 1
の円上を動くから，G は
中心 $\left(\dfrac{2\cdot0+1\cdot2}{3},\ \dfrac{2\cdot2+1\cdot2}{3}\right)=\left(\dfrac{2}{3},\ 2\right)$，
半径 $\dfrac{1}{3}\times1=\dfrac{1}{3}$
の円を描く．

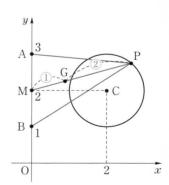

42　中点の軌跡 (1)

　直線 $y=a(x+2)$ と円 $x^2+y^2-4x=0$ は異なる 2 点 P, Q で交わっているとする．また，線分 PQ の中点を R とする．

(1)　定数 a の値の範囲を求めよ．

(2)　R の座標を a を用いて表せ．

(3)　原点 O と点 R の距離を求めよ．

(4)　a の値が (1) で求めた範囲を動くとき，点 R の軌跡を求めよ．

(愛媛大・改)

精|講　(1), (2)　直線と円の位置関係を調べるには，次の 2 つの手段

　(I)　中心と直線との距離と半径を比較する　　　　　　　　←円と直線の位置関係を調べる

　(II)　連立して判別式を利用する　　　　　　　　　　　　　ときの常套手段です．

が考えられます．(2) も考慮すると (II) を採用するのも手です．しかし，線分 PQ の中点は中心から直線 PQ に下ろした垂線の足でもあります．この視点で R をみれば，(II) で登場する解を用いずに中点 R の座標を求めることができます．

(3)　OR＝一定 が得られ，R が O を中心とする円周　　　　←円周上をすべて動くというわ

　　上を動くことがわかります．　　　　　　　　　　　　　けではない．

(4)　軌跡の範囲に注意しましょう．

解　答

$$ax-y+2a=0 \quad \cdots\cdots ①$$
$$(x-2)^2+y^2=4 \quad \cdots\cdots ②$$

(1)　①と②が異なる 2 点で交わる条件は

　　　　(中心 (2, 0) と①の距離)＜(半径)

$$\iff \frac{|2a-0+2a|}{\sqrt{a^2+(-1)^2}}<2 \qquad \text{←点と直線の距離の公式}$$

$$\iff 16a^2<4(a^2+1)$$

$$\therefore \quad -\frac{1}{\sqrt{3}}<a<\frac{1}{\sqrt{3}}$$

(2)　①と垂直で②の中心を通る直線の方程式は

$$1 \cdot (x-2) + a(y-0) = 0$$

$$\therefore \quad x + ay - 2 = 0 \quad \cdots\cdots ③$$

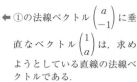

←①の法線ベクトル $\begin{pmatrix} a \\ -1 \end{pmatrix}$ に垂直なベクトル $\begin{pmatrix} 1 \\ a \end{pmatrix}$ は，求めようとしている直線の法線ベクトルである．

である．線分 PQ の中点 R は①と③の交点であるから，2式を連立して

$$\begin{cases} ax - y = -2a \\ x + ay = 2 \end{cases}$$

$$\therefore \quad (x, \ y) = \left(\dfrac{-2a^2+2}{a^2+1}, \ \dfrac{4a}{a^2+1} \right)$$

(3)　(2)より

$$\begin{aligned} \mathrm{OR}^2 &= \left(\dfrac{-2a^2+2}{a^2+1} \right)^2 + \left(\dfrac{4a}{a^2+1} \right)^2 \\ &= \dfrac{4(a^4+2a^2+1)}{(a^2+1)^2} \\ &= 4 \end{aligned}$$

$$\therefore \quad \mathrm{OR} = 2$$

(4)　R の座標を $(x, \ y)$ とすると，(3)より R は円

$$x^2 + y^2 = 4$$

の上を動き，かつ a は(1)の範囲を動くから，R は**右図の太線部分**を動く．

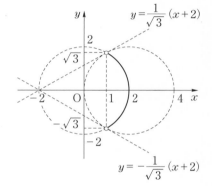

$y = \dfrac{1}{\sqrt{3}}(x+2)$

$y = -\dfrac{1}{\sqrt{3}}(x+2)$

第4章

講究　(3)のヒントがなければ，「(1)かつ(2)の結果を満たす a が存在する」ような $x, \ y$ の条件を求めることになる．

$$x = \dfrac{-2a^2+2}{a^2+1} = -2 + \dfrac{4}{a^2+1}$$

より

$$\begin{cases} x = -2 + \dfrac{4}{a^2+1} \\ y = \dfrac{4a}{a^2+1} \end{cases} \iff \begin{cases} \dfrac{4}{a^2+1} = x+2 \\ y = a(x+2) \end{cases} \iff \begin{cases} a = \dfrac{y}{x+2} \\ (a^2+1)(x+2) = 4 \end{cases}$$

であり，$\left\{ \left(\dfrac{y}{x+2} \right)^2 + 1 \right\}(x+2) = 4$ を整理すると，$x^2+y^2=4$ を得る．あとは(1)の a の範囲でこの円を描けばよい．

あるいは，2直線の①と③の交点の軌跡として **39** の解法を(1)の a の範囲で用いてもよい．

43 中点の軌跡 (2)

放物線 $y=x^2$ 上の 2 点 P，Q は，PQ＝2 を満たしながら動く．線分 PQ の中点を M とするとき，次の問いに答えよ．

(1) 点 M の軌跡の方程式を求めよ．

(2) 点 M の y 座標が最小となるときの M の座標を求めよ．

(札幌医大・改)

精講　放物線上の 2 点 P，Q の x 座標を p，q とすると，PQ＝2 という制約から p，q の間に関係式が生じます．このもとで，線分 PQ の中点 M の軌跡を求めるわけです．

M の座標を (x, y) とし，p，q の関係式を満たすような x，y の条件式を求めましょう．

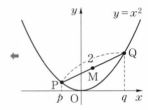

解 答

(1) P(p, p^2)，Q(q, q^2) とすると

$$PQ=2 \iff (p-q)^2+(p^2-q^2)^2=4$$
$$(p-q)^2\{1+(p+q)^2\}=4$$
$$\{(p+q)^2-4pq\}\{1+(p+q)^2\}=4 \quad \cdots\cdots ①$$

←p，q についての対称式である．対称式は基本対称式で表すことができる．

また，M は線分 PQ の中点であるから，M の座標を (x, y) とすると

$$\begin{cases} x=\dfrac{p+q}{2} \\ y=\dfrac{p^2+q^2}{2}=\dfrac{(p+q)^2-2pq}{2} \end{cases}$$

$$\iff \begin{cases} p+q=2x & \cdots\cdots ② \\ pq=\dfrac{(p+q)^2}{2}-y=2x^2-y & \cdots\cdots ③ \end{cases}$$

←p，q の基本対称式が x，y で表された．

「①かつ②かつ③を満たす実数 p，q が存在する」ような点 (x, y) の全体が求める軌跡である．

②，③を①に代入すると

$$\{4x^2-4(2x^2-y)\}(1+4x^2)=4$$
$$(y-x^2)(1+4x^2)=1$$

また，②，③より p, q は 2 次方程式
$$t^2-2xt+(2x^2-y)=0$$
の解である．判別式を D とすると
$$\frac{D}{4}=x^2-(2x^2-y)=y-x^2$$

M(x, y) は線分 PQ の中点より，放物線 $y=x^2$ の上側の領域にあるから
$$y>x^2 \quad \therefore \quad D>0$$
であり，p, q は異なる 2 つの実数解である．

よって，求める方程式は
$$y=x^2+\frac{1}{1+4x^2}$$
である．

$\Longleftarrow 1+4x^2 \neq 0$

(2)　$t=1+4x^2$ とおくと，(1)の結果は
$$y=\frac{t-1}{4}+\frac{1}{t}$$
$$=\frac{t}{4}+\frac{1}{t}-\frac{1}{4}$$

$t \geqq 1>0$ より，相加平均・相乗平均の関係を用いると

$\Longleftarrow a$, b が正の数のとき $\dfrac{a+b}{2} \geqq \sqrt{ab}$ が成り立つ．等号が成立するのは $a=b$ のときである．

$$y \geqq 2\sqrt{\frac{t}{4} \cdot \frac{1}{t}}-\frac{1}{4}=\frac{3}{4}$$

等号が成立するのは
$$\frac{t}{4}=\frac{1}{t} \quad \therefore \quad t=2$$
のときであり，これは $t \geqq 1$ を満たす．このとき

$\Longleftarrow$ 等号が $t \geqq 1$ の範囲で成立することを確認する．

$$1+4x^2=2 \quad \therefore \quad x=\pm\frac{1}{2}$$
である．よって，y 座標が最小となる M の座標は
$$\left(\pm\frac{1}{2}, \frac{3}{4}\right)$$
である．

講究　参考までに，$y=x^2+\dfrac{1}{1+4x^2}$ のグラフをかく（数学Ⅲ）と右図のようなグラフである．

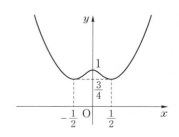

44　反転

xy 平面の原点をOとする. xy 平面上のOと異なる点Pに対し, 直線OP上の点Qを, 次の条件(a), (b)を満たすようにとる.

　(a)　OP·OQ＝4

　(b)　Qは, Oに関してPと同じ側にある.

このとき, 次の問いに答えよ.

(1)　点Pが直線 $x=1$ の上を動くとき, 点Qの軌跡を求めて, 図示せよ.

(2)　$a>r>0$ とする. 点Pが円 $(x-a)^2+y^2=r^2$ の上を動くとき, 点Qの軌跡が円であることを示し, その中心の座標と半径を求めよ.

(大阪市大)

精 講　条件(b)より, $\overrightarrow{OQ}=t\overrightarrow{OP}$ $(t>0)$ とおいてもよいのですが, 求めるのはQの軌跡です. $P(x, y)$ に $Q(X, Y)$ を対応させる変換とみると, QになるようなPが存在するような X, Y の条件を求めるのですから

　　x, y を X, Y で表す

ことになります. このことを考えると

　　$\overrightarrow{OP}=k\overrightarrow{OQ}$ $(k>0)$

とおくのがよいでしょう.

←平面において, 点Pに対し1つの点Qを対応させる対応規則を**変換**といいます.

解　答

(1)　条件(b)より

　　$\overrightarrow{OP}=k\overrightarrow{OQ}$ $(k>0)$

とおくことができ, 条件(a)より

　　$|k\overrightarrow{OQ}||\overrightarrow{OQ}|=4$　∴　$k=\dfrac{4}{|\overrightarrow{OQ}|^2}$

$P(x, y)$, $Q(X, Y)$ とおくと

　　$\begin{pmatrix} x \\ y \end{pmatrix}=\dfrac{4}{X^2+Y^2}\begin{pmatrix} X \\ Y \end{pmatrix}$

である.

　点Pが直線 $x=1$ の上に存在するような X, Y の条件は

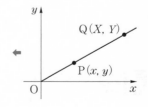

$$\frac{4X}{X^2+Y^2}=1$$

$$\iff \begin{cases} X^2+Y^2=4X \\ X^2+Y^2 \neq 0 \end{cases}$$

←分母 ≠0 に注意せよ.

$$\iff \begin{cases} (X-2)^2+Y^2=4 \\ (X, \ Y) \neq (0, \ 0) \end{cases}$$

よって,点 Q の軌跡は

$$(x-2)^2+y^2=4 \ \text{かつ} \ (x, \ y) \neq (0, \ 0)$$

である.図は**右図**のようになる.

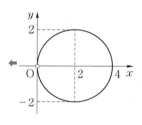

(2) 点 P が円 $(x-a)^2+y^2=r^2$ の上に存在するような X, Y の条件は

$$\left(\frac{4X}{X^2+Y^2}-a\right)^2+\left(\frac{4Y}{X^2+Y^2}\right)^2=r^2$$

$$\iff \frac{16(X^2+Y^2)}{(X^2+Y^2)^2}-8a\frac{X}{X^2+Y^2}+a^2=r^2$$

$$\iff \begin{cases} (a^2-r^2)(X^2+Y^2)-8aX+16=0 \\ X^2+Y^2 \neq 0 \end{cases}$$

$X^2+Y^2=0$ とすると,$(X, \ Y)=(0, \ 0)$ であり,これは $(a^2-r^2)(X^2+Y^2)-8aX+16=0$ を満たさない.

したがって,上式は

$$(a^2-r^2)(X^2+Y^2)-8aX+16=0$$

と同値である.$a>r$ より

←この式が成り立つならば,$X^2+Y^2 \neq 0$ は成り立つ.

$$\left(X-\frac{4a}{a^2-r^2}\right)^2+Y^2=\frac{16r^2}{(a^2-r^2)^2}$$

よって,点 Q の**軌跡は円**であり,

中心の座標 $\left(\dfrac{4a}{a^2-r^2}, \ 0\right)$, **半径** $\dfrac{4r}{a^2-r^2}$

である.

講　究　xy 平面上の原点以外の点Pに対して，Oを端点とする半直線 OP 上に

$$\text{OP·OQ}=r \quad (r \text{ は正の定数})$$

となるような点Qをとる．このようにPにQを対応させる変換を**反転**という．

反転により，円，直線は次の(i)～(iv)のようにうつされる．

(i)　原点を通る直線　　　⟶　原点を通るもとの直線

(ii)　原点を通らない直線　⟶　原点を通る円

(iii)　原点を通る円　　　　⟶　原点を通らない直線

(iv)　原点を通らない円　　⟶　原点を通らない円

ただし，(i)，(iii)においては P≠O より，原点 $(0, 0)$ は除外する．

❗注意

　　原点を通る図形(直線または円)から原点を除外したら，これは原点を通らない図形だと主張する人がいるかもしれない．ここでは，原点を通る図形から原点を除外した図形を単に「原点を通る図形」としている．

　　直線の一般式は

$$ax+by+c=0 \quad (a^2+b^2≠0 \cdots\cdots ⑦)$$

⟵**24**の**講　究**1° を参照．

であり，円の一般式は

$$x^2+y^2+dx+ey+f=0 \quad (d^2+e^2-4f>0 \cdots\cdots ④)$$

⟵**25**の**講　究**2° を参照．

である．2つをあわせて

$$g(x^2+y^2)+ax+by+c=0 \quad\quad \cdots\cdots(*)$$

とすれば，

　　$g=0$ のときは，直線　　　$g≠0$ のときは，円

と表すことができる．ただし，直線であるときは条件⑦，円であるときは条件④を満たすものとする．

　　Pの座標を (x, y)，Qの座標を (X, Y) とすると，**解答**と同じようにして

$$\begin{pmatrix} x \\ y \end{pmatrix} = \frac{r}{X^2+Y^2} \begin{pmatrix} X \\ Y \end{pmatrix}$$

である．($*$)に代入し

$$g\left\{\left(\frac{rX}{X^2+Y^2}\right)^2+\left(\frac{rY}{X^2+Y^2}\right)^2\right\}+a\cdot\frac{rX}{X^2+Y^2}+b\cdot\frac{rY}{X^2+Y^2}+c=0$$

$$\Longleftrightarrow \begin{cases} gr^2+arX+brY+c(X^2+Y^2)=0 \quad \cdots\cdots(**) \\ X^2+Y^2≠0 \end{cases}$$

(i)　原点を通る直線について：$g=0$，$c=0$ より

　　　　($**$) $\Longleftrightarrow arX+brY=0$

　　　　$\therefore\quad aX+bY=0 \quad (a^2+b^2≠0)$

これはもとの直線の方程式と一致する．すなわち，原点を通る直線は反転しても変わらない．ただし，$X^2+Y^2≠0$ より原点 $(0, 0)$ は除く．

(ii)　原点を通らない直線について：$g=0$，$c\neq0$　より

$$(**) \iff arX+brY+c(X^2+Y^2)=0$$

$$\therefore\quad X^2+Y^2+\frac{ar}{c}X+\frac{br}{c}Y=0$$

ここで，

$$\left(\frac{ar}{c}\right)^2+\left(\frac{br}{c}\right)^2-4\cdot0=\frac{(a^2+b^2)r^2}{c^2}>0\quad（条件㋑を満たす）$$

これは原点を通る円である．ただし，$X^2+Y^2\neq0$　より原点 $(0,0)$ は除く．

(iii)　原点を通る円について：$g\neq0$，$c=0$　より

$$(**) \iff gr^2+arX+brY=0$$

$$\therefore\quad aX+bY+gr=0\quad(a^2+b^2\neq0)$$

$gr\neq0$　より，これは原点を通らない直線である．

(iv)　原点を通らない円について：$g\neq0$，$c\neq0$　より

$$(**) \iff X^2+Y^2+\frac{ar}{c}X+\frac{br}{c}Y+\frac{gr^2}{c}=0$$

円であるための条件を調べる．

$$\left(\frac{ar}{c}\right)^2+\left(\frac{br}{c}\right)^2-4\cdot\frac{gr^2}{c}=\frac{(a^2+b^2-4gc)r^2}{c^2}\qquad\cdots\cdots㋒$$

ここで，$(*)$：$x^2+y^2+\dfrac{a}{g}x+\dfrac{b}{g}y+\dfrac{c}{g}=0$　は円であるから

$$\left(\frac{a}{g}\right)^2+\left(\frac{b}{g}\right)^2-4\cdot\frac{c}{g}=\frac{a^2+b^2-4gc}{g^2}>0$$

であり，$a^2+b^2-4gc>0$　である．したがって，㋒も正である．すなわち，これは円である．

$\dfrac{c}{g}\neq0$　でもあるから，これは原点を通らない円である．

45 極・極線と反転

xy 平面上に，原点 O を中心とする半径 1 の円 C と，点 $(4, 3)$ を中心とする半径 1 の円 D がある．円 C 上に異なる 2 点 A，B があり，円 D 上に点 P がある．2 つの直線 AP，BP は円 C の接線とする．直線 AB と直線 OP の交点を Q とするとき，以下の問いに答えよ．

(1) 点 P の座標を $(5, 3)$ とするとき，直線 AB の方程式を求めよ．

(2) 上記(1)のとき，点 Q の座標を求めよ．

(3) 点 P が円 D の円周上を動くとき，点 Q の軌跡を求めよ．

(京都府大・改)

精 講　(1)　円 $x^2 + y^2 = r^2$ 上の点 (x_0, y_0) における接線の方程式は

$$x_0 x + y_0 y = r^2$$

です．**解答**に示す解法は天下り的で，こんなの気づかないと思うかもしれません．先人の知恵として理解しましょう．これは一度経験しておくべき解法です．

$\angle \mathrm{OAP} = \angle \mathrm{OBP} = 90°$ に着目する解法もあります．

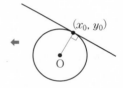

← **講 究** 1°

(2) △PAB，△OAB は二等辺三角形であるから，直線 AB と直線 OP の交点 Q は線分 AB の中点であり，

$$\mathrm{AB} \perp \mathrm{OP}$$

です．

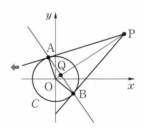

(3) △AOQ∽△POA より

$$\mathrm{OA} : \mathrm{OQ} = \mathrm{OP} : \mathrm{OA}$$

$$\therefore \quad \mathrm{OP \cdot OQ} = \mathrm{OA}^2 = 1$$

であり，本問の P に対して Q を対応させる変換は**反転**です．したがって，P は原点を通らない円周上を動くので，Q の軌跡は原点を通らない円です．

← **44** の **講 究** を参照．

解　答

(1)　　　　円 $C : x^2 + y^2 = 1$　……①

点 $A(x_1,\ y_1)$, $B(x_2,\ y_2)$ における円 C の接線の方程式はそれぞれ

$$x_1 x + y_1 y = 1$$
$$x_2 x + y_2 y = 1$$

であり，これらはともに点 $P(5,\ 3)$ を通るから

$$5x_1 + 3y_1 = 1 \quad ……②$$
$$5x_2 + 3y_2 = 1 \quad ……③$$

である．

　　ここで，直線 $5x + 3y = 1$ ……④ を考える．②，　← ここが巧妙．

③より，A，B は④上の点であり，直線 AB の方程式は④，すなわち

$$\mathbf{5x + 3y = 1}$$

である．

(2)　Q は直線 AB と直線 OP : $3x - 5y = 0$ ……⑤ の交点であるから，④と⑤を連立して

$$\begin{cases} 5x + 3y = 1 \\ 3x - 5y = 0 \end{cases}$$

$$\therefore \quad Q\left(\frac{5}{34},\ \frac{3}{34}\right)$$

(3)　P の座標を $(p,\ q)$ とする．(1)，(2)と同じように　←
すると，Q は2直線

$$AB : px + qy = 1 \quad ……⑥$$
$$OP : qx - py = 0 \quad ……⑦$$

の交点である．また，$p,\ q$ は

$$(p-4)^2 + (q-3)^2 = 1 \quad ……⑧$$

を満たす．

　「⑥かつ⑦かつ⑧を満たす $p,\ q$ が存在する」ような $x,\ y$ の条件を求める．

　まず，⑥かつ⑦を $p,\ q$ について解くと

$$\begin{cases} ⑥ : xp + yq = 1 \\ ⑦ : -yp + xq = 0 \end{cases}$$

⑥を満たす $x,\ y$ は $x^2 + y^2 \neq 0$ であるから　← (⑥の右辺)$\neq 0$

$$p = \frac{x}{x^2 + y^2},\quad q = \frac{y}{x^2 + y^2}$$

これを⑧に代入すると

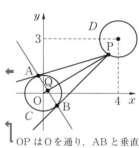

OP は O を通り，AB と垂直な直線である．

$$\left(\frac{x}{x^2+y^2}-4\right)^2+\left(\frac{y}{x^2+y^2}-3\right)^2=1$$

$$\frac{x^2+y^2}{(x^2+y^2)^2}-\frac{8x}{x^2+y^2}-\frac{6y}{x^2+y^2}+25=1$$

$$1-8x-6y+24(x^2+y^2)=0$$

$$x^2+y^2-\frac{x}{3}-\frac{y}{4}+\frac{1}{24}=0$$

$$\left(x-\frac{1}{6}\right)^2+\left(y-\frac{1}{8}\right)^2=\left(\frac{1}{24}\right)^2$$

よって, 点Qの軌跡は

点$\left(\dfrac{1}{6},\ \dfrac{1}{8}\right)$を中心とする半径$\dfrac{1}{24}$の円

となる.

講究 **1°** A, B は円①上の点より

$$x^2+y^2=1 \quad \cdots\cdots ①$$

を満たす. また

$$\angle\text{OAP}=\angle\text{OBP}=90°$$

より, A, B は O, P を直径の両端とする円

$$x(x-5)+y(y-3)=0$$

$$x^2+y^2-5x-3y=0 \quad \cdots\cdots ⑦$$

上の点でもある.

したがって, 直線 AB の方程式は

①−⑦ より

$$5x+3y=1$$

である.

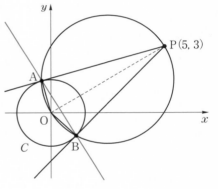

2° P の座標 $(5,\ 3)$ を $(x_0,\ y_0)$ とし, ①を

$$x^2+y^2=r^2 \quad \cdots\cdots ①'$$

として一般化すると, ⑦は

$$x^2+y^2-x_0x-y_0y=0 \quad \cdots\cdots ⑦'$$

となり, ①′−⑦′ より, 直線 AB の方程式は

$$x_0x+y_0y=r^2$$

である.

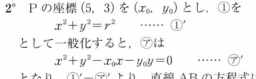

これは $(x_0,\ y_0)$ が①′上にあるときの接線の方程式

$$x_0x+y_0y=r^2$$

と同じ形の式である. 直線 AB を P を**極**とする円①′の**極線**という.

3°　2 次曲線（放物線，楕円，双曲線）の接線（数学 III）についても，曲線外の点（極）から曲線に引いた接線の接点を結ぶ直線（極線）を求めると同様な関係が成り立つ．（覚えなければならないことではないが，美しさを感じてもらえればよい．）

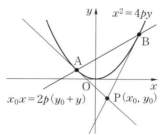

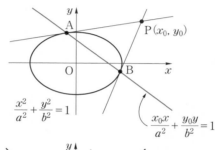

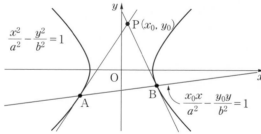

46　2つの動点で決まる領域

xy 平面の線分 L と領域 D を

$$L=\{(0,\ y)\,\big|\,{-}1\leqq y\leqq1\},\quad D=\{(x,\ y)\,\big|\,(x-4)^2+y^2\leqq1\}$$

と定める.

(1) L 上の点 P, D 上の点 Q に対し, 線分 PQ の中点を M とする.

  (i) P が $(0,\ 0)$ で, Q が D の周および内部を動くとき, M が動く領域を求めよ.

  (ii) P が L 上を, Q が D の周および内部を動くとき, M が動く領域を図示せよ.

(2) 次の条件を満たす領域 E を図示せよ.

    「E の点は, L の適当な点をとると, これら 2 点の中点が D の周および内部に含まれる.」

((2)　高知大・改)

精講　2つの動点に対応して決まる点の軌跡を求めるには, まず, 一方を固定して, 他方を動かしたときの軌跡を求め, 次に, 固定してあった点を動かして軌跡の全体を求めます. ◀ 予選・決勝法 **21** の考え方と同じです.

(1)の(i)はこの考え方を示唆しています.

(2)は題意を読み取ることが大切です.

E の点を R, L の適当な点を P とすると, 線分 PR の中点が D の周および内部の点 Q です. P, Q に対して R は線分 PQ を 2:1 に外分する点としてみることができます. ◀

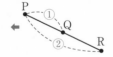

解　答

(1) (i) P$(0,\ 0)$ である. M$(X,\ Y)$ は PQ の中点であるから, Q の座標を $(x,\ y)$ とすると

$$\begin{cases} X=\dfrac{0+x}{2}=\dfrac{x}{2} & \cdots\cdots\ ① \\[2mm] Y=\dfrac{0+y}{2}=\dfrac{y}{2} & \cdots\cdots\ ② \end{cases}$$

であり, Q は D の周および内部を動くから

$$(x-4)^2+y^2\leqq 1 \quad \cdots\cdots ③$$

「①かつ②かつ③を満たす x, y が存在する」ための X, Y の条件を求める.

$$\begin{cases} x=2X & \cdots\cdots ①' \\ y=2Y & \cdots\cdots ②' \end{cases}$$

を③に代入すると

$$(2X-4)^2+(2Y)^2\leqq 1$$

$$\therefore \quad (X-2)^2+Y^2\leqq \frac{1}{4}$$

よって, M が動く領域は**中心 (2, 0), 半径 $\dfrac{1}{2}$**

の円の周および内部である.

(ii)　(i)の P(0, 0) を $(0, p)$ と改めると

◀P を固定して(i)を真似る.

$$\begin{cases} X=\dfrac{0+x}{2} \\ Y=\dfrac{p+y}{2} \end{cases} \qquad \therefore \begin{cases} x=2X \\ y=2Y-p \end{cases}$$

であり

$$(2X-4)^2+(2Y-p)^2\leqq 1$$

$$\therefore \quad (X-2)^2+\left(Y-\frac{p}{2}\right)^2\leqq \frac{1}{4}$$

p を固定したとき, M が動く領域は, 中心 $\left(2, \dfrac{p}{2}\right)$, 半径 $\dfrac{1}{2}$ の円の周および内部である.

次に, p を $-1\leqq p\leqq 1$ の範囲で動かすと, 中心 $\left(2, \dfrac{p}{2}\right)$ は 2 点 $\left(2, -\dfrac{1}{2}\right)$, $\left(2, \dfrac{1}{2}\right)$ を結ぶ線分上を動く.

よって, 求める領域は**右図の斜線部分**である. 境界も含む.

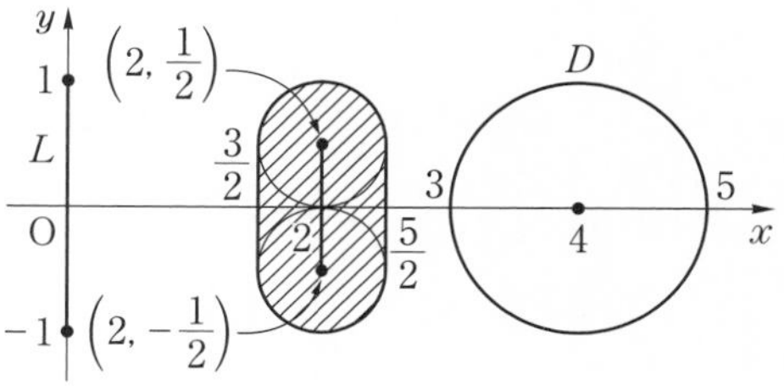

(2)　E の点を R(X, Y), L 上の点を P$(0, p)$ $(-1\leqq p\leqq 1)$ とする. 線分 PR の中点 $\left(\dfrac{X}{2}, \dfrac{Y+p}{2}\right)$ は D に含まれるから

$$\left(\frac{X}{2}-4\right)^2+\left(\frac{Y+p}{2}\right)^2\leqq 1$$

$$\therefore\quad (X-8)^2+(Y+p)^2\leqq 2^2$$

P を固定したとき，R が動く領域 E_p は，中心 $(8,\ -p)$，半径 2 の円の周および内部である．

次に，p を $-1\leqq p\leqq 1$ の範囲で動かすと，中心 $(8,\ -p)$ は $(8,\ -1)$，$(8,\ 1)$ を結ぶ線分上を動く．

よって，求める領域 E は**右図の斜線部分**である．境界も含む．

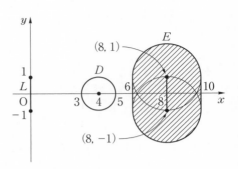

講 究 **41**(分点の軌跡)の **講究** で，相似変換を用いた解法を示した．ここでも相似変換を利用して解いてみよう．

(1)の(ii)を解く．

まず，$P(0,\ p)$ を固定する．M は線分 PQ の中点であるから，Q に対して M を対応させる変換は，

P を中心とする $\dfrac{1}{2}$ 倍の相似変換

である．

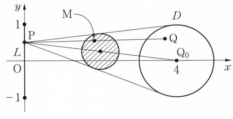

Q は中心 $Q_0(4,\ 0)$，半径 1 の円の周および内部を動くから，M の軌跡は線分 PQ_0 の中点 $\left(2,\ \dfrac{p}{2}\right)$ を中心とする半径 $\dfrac{1}{2}$ の円の周および内部，すなわち円板となる．

次に，P を L 上で動かす．

線分 PQ_0 の中点 $\left(2,\ \dfrac{p}{2}\right)$ は 2 点 $\left(2,\ -\dfrac{1}{2}\right)$，$\left(2,\ \dfrac{1}{2}\right)$ を結ぶ線分上(両端も含む)を動くから，この線分上に中心をもつ半径 $\dfrac{1}{2}$ の円板を動かすことにより，下図の領域を得る．境界も含む．

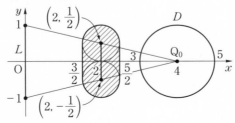

(2)　まず，P$(0, p)$を固定する．Eの点 R，L 上の点 P に対して線分 PR の中点
が Q であるから，点 R は線分 PQ を $2:1$ に外分する点である．すなわち，Q
に対して R を対応させる変換は，**P を中心とする 2 倍の相似変換**である．

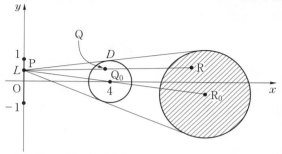

　　P を固定し Q を動かすとき，R の軌跡は P を中心に円板 D を 2 倍に相似変換
した図形となる．これは中心 $R_0(8, -p)$，半径 2 の円板である．

　　次に，P を L 上で動かす．円板の中心 $R_0(8, -p)$ は，Q_0 に関して L を対称
移動した線分，すなわち 2 点 $(8, 1)$，$(8, -1)$ を結ぶ線分上（両端も含む）を
動くから，この線分上に中心をもつ半径 2 の円板を動かすことにより，下図の
領域を得る．境界も含む．

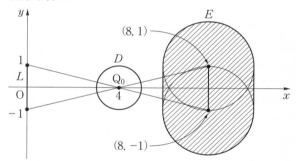

第 5 章 通過領域

47 通過領域の求め方

t が実数全体を動くとき，xy 平面上の直線

$$l_t : y = 2tx - t^2 \quad \cdots\cdots (*)$$

の通過する領域を次の3つの方法で求めよ．

(1) $(*)$ を満たす実数 t が存在するような点 (x, y) の集合を求める．

(2) x を固定したときの y の値域を求め，次に x を動かす．

(3) t の値によらず $(*)$ が一定の放物線に接することを用いる．

精 講　与えられた3つの方法の違いを理解しましょう．

(1) 実数 t が与えられると直線 l_t が決まり，t が動くとともに l_t も動き，l_t の通過領域が決まります．かといって，$t = 0$，1，2，… とし，l_t を何本かいても求める領域を得ることはできません．

　　関数の**値域の求め方**，媒介変数表示された点の**軌跡の求め方**を思い出しましょう．　　　　　← 15，35 など

　　点 (x, y) が通過領域内の点であるか否かは，(x, y) を通る直線 l_t が存在するか否か，すなわち，(x, y) を通る l_t を与える実数 t が存在するか否かで決まります．したがって，求める通過領域は

　l_t **を与える実数 t が存在するような点 (x, y) の集合**

です．

← $(x, y)\in$ 通過領域　$\iff (*)$ を満たす t が存在する

← x，y を固定して，$(*)$ を t についての方程式とみる．

(2) x を k と固定します．**通過領域と直線 $x = k$ の共通部分**は，各 l_t と $x = k$ の交点 $(k, 2kt - t^2)$ の集合です．x 座標は一定なので，交点の集合は，t を動かしたときの y 座標の値域として決まります．

　　次に，k を動かせば，通過領域を求めることができます．

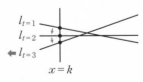

← x を固定して，$(*)$ の y を t の関数とみる．

(3) どんな t に対しても $(*)$ を接線とする曲線 Γ がみつかれば，$(*)$ の動きがわかり，通過領域を知ることができます．このような曲線 Γ を $(*)$ の**包絡線**と

← みつからないこともあります．

いいます.

解　答

(1)　直線 l_t の通過領域を A とする.

$$(x,\ y)\in A$$

$\Longleftrightarrow$ 点 $(x,\ y)$ を通る直線（＊）が存在する

$\Longleftrightarrow$ $t^2-2xt+y=0$ を満たす実数 t が少なく
とも 1 つ存在する

したがって，$t^2-2xt+y=0$ の判別式を D とすると，求める $x,\ y$ の条件は

$$D\geqq0 \Longleftrightarrow x^2-y\geqq0$$

$$\therefore \quad \boldsymbol{y\leqq x^2}$$

これを図示すると**右図の斜線部分**となる．境界も含む.　←

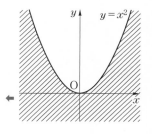

(2)　x を k と固定し，t を実数の範囲で変化させると

$$y=-t^2+2kt$$
$$=-(t-k)^2+k^2$$
$$\therefore \quad y\leqq k^2$$

次に，x を実数全体で動かすと，求める領域は

$$\boldsymbol{y\leqq x^2}$$

である．これを図示すると**右図の斜線部分**となる.　←
境界も含む.

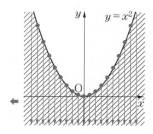

(3)　直線（＊）を変形すると

$$y=-(t-x)^2+\boldsymbol{x^2} \quad \cdots\cdots ①$$

ここで，放物線 $y=\boldsymbol{x^2}$ $\cdots\cdots$ ② を考える.　←②を考えるところが巧妙.

①と②を連立すると

$$-(t-x)^2+\boldsymbol{x^2}=\boldsymbol{x^2}$$
$$-(t-x)^2=0 \quad \therefore \quad x=t （重解）$$

①は②の上の点 $(t,\ t^2)$ における接線である．$x=t$
における②の接線①を次々かくことにより，求める
領域は**右図の斜線部分**となる．境界も含む.　←

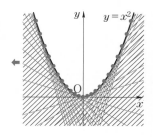

48 直線の通過領域 (1)

xy 平面上に円 $C:x^2+(y+2)^2=4$ がある. 中心 $(a,\ 0)$, 半径 1 の円を D とする. C と D が異なる 2 点で交わるとき, 次の問いに答えよ.

(1) a のとり得る値の範囲を求めよ.

(2) C と D の 2 つの交点を通る直線の方程式を求めよ.

(3) a が(1)の範囲を動くとき, (2)の直線が通過する領域を図示せよ.

(横浜国大)

精 講　(1) 2 円の位置関係は, **中心間の距離と 2 円の半径の和および差との大小関係**

により決まります.

◆2 円の位置関係を調べるときの常套手段です.

(2) 2 つの円の方程式の差をとればよいのですが, このようにして得られた直線が求める直線であることの説明も必要です.

(3) 前問 **47** での解法を思い出しましょう. 媒介変数 a に条件が付いてくるのが **47** との違いです.

(Ⅰ) 媒介変数 a の値が存在するような x, y の条件を考える(方程式とみる).

(Ⅱ) 1 文字を固定する(関数とみる).

(Ⅲ) 包絡線を求める.

本問で 3 つの解法を比較してください. 媒介変数に条件が付いてくると, (Ⅰ)よりも(Ⅱ)の方が楽なことが多いです. **解答**では(Ⅱ)の 1 文字固定を採用することにします.

解　答

$$C:x^2+(y+2)^2=2^2 \quad \cdots\cdots ①$$
$$D:(x-a)^2+y^2=1^2 \quad \cdots\cdots ②$$

(1) C, D が異なる 2 点で交わる条件は

　　(半径の差)<(中心間の距離)<(半径の和)

$\Longleftrightarrow 2-1<\sqrt{(a-0)^2+(0+2)^2}<2+1$

$\Longleftrightarrow 1<\sqrt{a^2+4}<3$　　　　　　　◆左の不等式はつねに成り立つ.

$\Longleftrightarrow a^2+4<3^2$

$\quad \therefore\quad -\sqrt{5}<a<\sqrt{5}$

(2)　a が(1)の結果を満たすとき，C と D の 2 つの交点
は連立方程式「①かつ②」の解である．①－② よ
り

← 2 つの交点をもつことが前提
である．

$$2ax - a^2 + 4y + 4 = 3$$
$$\therefore \quad 2ax + 4y - a^2 + 1 = 0 \quad \cdots\cdots ③$$
$$「①かつ②」\Longleftrightarrow「①かつ③」$$

であり，2 つの交点は③上にある．すなわち，求め
る直線の方程式は

← 加減法の原理 **5**（「②かつ③」
とも同値である）．

$$2ax + 4y - a^2 + 1 = 0$$

である．

(3)　x を k として固定すると，③の式は

$$y = \frac{a^2}{4} - \frac{k}{2}a - \frac{1}{4}$$

であり，$f(a) = \dfrac{a^2}{4} - \dfrac{k}{2}a - \dfrac{1}{4}$ とおくと

$$f(a) = \frac{1}{4}(a - k)^2 - \frac{k^2}{4} - \frac{1}{4}$$

である．

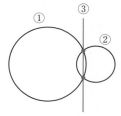

　対称軸 $a = k$ が(1)の範囲にあるか否かで場合分
けして y の値域を求める．

(i)　$k \leq -\sqrt{5}$ のとき

$$f(-\sqrt{5}) < f(a) < f(\sqrt{5})$$
$$\therefore \quad \frac{\sqrt{5}}{2}k + 1 < y < -\frac{\sqrt{5}}{2}k + 1$$

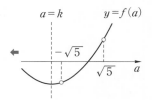

(ii)　$-\sqrt{5} < k < \sqrt{5}$ のとき

$$f(k) \leq f(a) < \max\{f(-\sqrt{5}),\ f(\sqrt{5})\}$$
$$\therefore \quad -\frac{k^2}{4} - \frac{1}{4} \leq y$$
$$< \max\left\{\frac{\sqrt{5}}{2}k + 1,\ -\frac{\sqrt{5}}{2}k + 1\right\}$$

← 左の不等式には等号が付くこ
とに注意せよ．
$\max\{X,\ Y\}$ は $X,\ Y$ を比
較したときの小さくない方の
値である．

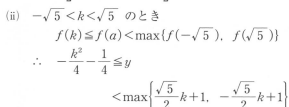

(iii)　$\sqrt{5} \leq k$ のとき

$$f(\sqrt{5}) < f(a) < f(-\sqrt{5})$$
$$\therefore \quad -\frac{\sqrt{5}}{2}k + 1 < y < \frac{\sqrt{5}}{2}k + 1$$

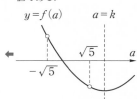

第 5 章

次に，x を実数全体で動かすと，求める領域は

$$
\begin{cases}
x \leqq -\sqrt{5} \text{ のとき，} & \dfrac{\sqrt{5}}{2}x+1 < y < -\dfrac{\sqrt{5}}{2}x+1 \\[2mm]
-\sqrt{5} < x < \sqrt{5} \text{ のとき，} & -\dfrac{x^2}{4}-\dfrac{1}{4} \leqq y < \max\left\{ \dfrac{\sqrt{5}}{2}x+1, \ -\dfrac{\sqrt{5}}{2}x+1 \right\} \\[2mm]
\sqrt{5} \leqq x \text{ のとき，} & -\dfrac{\sqrt{5}}{2}x+1 < y < \dfrac{\sqrt{5}}{2}x+1
\end{cases}
$$

である．図示すると**下図の斜線部分**となる．境界は $y=-\dfrac{x^2}{4}-\dfrac{1}{4}$

（$-\sqrt{5} < x < \sqrt{5}$）の部分のみ含む．

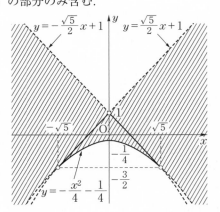

講究
$$2ax+4y-a^2+1=0 \qquad \cdots\cdots \text{③}$$
$$-\sqrt{5} < a < \sqrt{5} \qquad \cdots\cdots \text{④}$$

「③かつ④」の通過領域を(I)，(II)の方法で求めておく．

1° この通過領域を A とすると

$$(x, \ y) \in A$$

$\Longleftrightarrow$「③かつ④」を満たす a が少なくとも1つ存在する

ここから先は**解の配置**の問題（**11**参照）である．$g(a)=-a^2+2xa+4y+1$ とおき，$b=g(a)$ のグラフを考える．

解法はいくつか考えられる．

- 「③かつ④」を満たす a が存在しない領域の補集合を求める．
- 対称軸 $a=x$ の位置で場合分けする．
- 端点 $g(-\sqrt{5})$，$g(\sqrt{5})$ の符号に着目する．

対称軸 $a=x$ の位置で場合分けすると，**解答**と同じく(i)，(ii)，(iii)の場合分けをすることになる．

ここでは，端点の符号が同符号か異符号かで場合分けする．異符号のときは

1つの解をもち，同符号のときは2つの解（重解も含む）をもつように条件を加える．すなわち，求める条件は

$$g(-\sqrt{5})\cdot g(\sqrt{5})<0$$

または

$$\begin{cases} \text{頂点の}b\text{座標}：g(x)\geqq0 \\ \text{対称軸}\qquad：-\sqrt{5}<x<\sqrt{5} \\ \text{端点の符号}\quad：g(-\sqrt{5})<0\ \text{かつ}\ g(\sqrt{5})<0 \end{cases}$$

である．これは

$$(4y-2\sqrt{5}\,x-4)(4y+2\sqrt{5}\,x-4)<0$$

または

$$\begin{cases} 4y+x^2+1\geqq0 \\ -\sqrt{5}<x<\sqrt{5} \\ 4y-2\sqrt{5}\,x-4<0 \\ 4y+2\sqrt{5}\,x-4<0 \end{cases}$$

これを図示すると**解答**の図を得る．

2°　直線③の方程式は

$$y=\frac{1}{4}(a-x)^2-\frac{x^2}{4}-\frac{1}{4}$$

と変形される．放物線

$$y=-\frac{x^2}{4}-\frac{1}{4}$$

と連立すると

$$\frac{1}{4}(a-x)^2-\frac{x^2}{4}-\frac{1}{4}=-\frac{x^2}{4}-\frac{1}{4}$$

$$\frac{1}{4}(a-x)^2=0\quad \therefore\quad x=a\ \ （重解）$$

直線③は放物線 $y=-\dfrac{x^2}{4}-\dfrac{1}{4}$ 上の

点 $\left(a,\ -\dfrac{a^2}{4}-\dfrac{1}{4}\right)$ における接線である．

右図より，**解答**の図を得る．

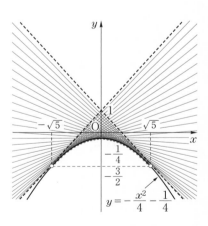

$$y=-\frac{x^2}{4}-\frac{1}{4}$$

49 直線の通過領域 (2)

t を $0<t<1$ を満たす実数とする．xy 平面上の3点 A$(-1,\ 1)$，B$(0,\ -1)$，C$(1,\ 1)$ に対し，線分 AB を $t:1-t$ に内分する点をPとし，線分 BC を $t:1-t$ に内分する点をQとする．さらに，線分 PQ を $t:1-t$ に内分する点をRとし，点Pと点Qを通る直線を l とする．このとき，次の問いに答えよ．

(1) 点Rの座標を t を用いて表せ．

(2) 直線 l が曲線 $y=x^2$ の点Rにおける接線であることを示せ．

(3) t が条件 $0<t<1$ を満たしながら変化するとき，直線 l が通過する領域を図示せよ．

(島根大)

精講 　(1) ベクトルで表現するとよいでしょう．
(2) $y=x^2$ が l の**包絡線**であることを ←**講究**
示せ，という設問です．l の方程式と $y=x^2$ を連立したときの解が重解であることを示しましょう．

(3) (2)を利用した解答を書くことになります．

解 答

(1) 与えられた条件より
$$\overrightarrow{OP}=(1-t)\overrightarrow{OA}+t\overrightarrow{OB}$$
$$=(1-t)\begin{pmatrix}-1\\1\end{pmatrix}+t\begin{pmatrix}0\\-1\end{pmatrix}=\begin{pmatrix}t-1\\1-2t\end{pmatrix}$$
$$\overrightarrow{OQ}=(1-t)\overrightarrow{OB}+t\overrightarrow{OC}$$
$$=(1-t)\begin{pmatrix}0\\-1\end{pmatrix}+t\begin{pmatrix}1\\1\end{pmatrix}=\begin{pmatrix}t\\2t-1\end{pmatrix}$$

より
$$\overrightarrow{OR}=(1-t)\overrightarrow{OP}+t\overrightarrow{OQ}$$
$$=(1-t)\begin{pmatrix}t-1\\1-2t\end{pmatrix}+t\begin{pmatrix}t\\2t-1\end{pmatrix}=\begin{pmatrix}2t-1\\(2t-1)^2\end{pmatrix}$$

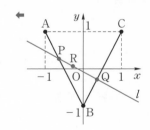

R の座標は
$$(2t-1,\ (2t-1)^2)$$
である．

(2) $\overrightarrow{PQ} = \overrightarrow{OQ} - \overrightarrow{OP} = \begin{pmatrix} 1 \\ 4t-2 \end{pmatrix}$ より，点 P と点 Q を通

    る直線 l の方程式は

$$y = (4t-2)(x-t) + 2t-1$$
$$y = (4t-2)x - 4t^2 + 4t - 1$$
$$\therefore \quad y = 2(2t-1)x - (2t-1)^2 \quad \cdots\cdots ①$$

  ①と $y = x^2 \cdots\cdots ②$ を連立すると

$$x^2 = 2(2t-1)x - (2t-1)^2$$
$$\therefore \quad (x - 2t + 1)^2 = 0$$
$$\therefore \quad x = 2t - 1 \ (重解)$$

$x = 2t - 1$ は R の x 座標であるから，l は②の点 R
における接線である。

(3) t は $0 < t < 1$ を満たしながら動くから

$$-1 < 2t - 1 < 1$$

であり，②の接線 l は下左図のように動く。したが
って，l の通過領域は**下右図の斜線部分**となる。境
界は $y = x^2 \ (-1 < x < 1)$ の部分のみ含む。

← $\overrightarrow{PQ}$ は直線 PQ の方向ベクトルである。

← 点 Q$(t,\ 2t-1)$ を通り，傾き $4t-2$ の直線の方程式。

← 重解 $\Longleftrightarrow$ 共有点 1 個
$\Longleftrightarrow$ 接する

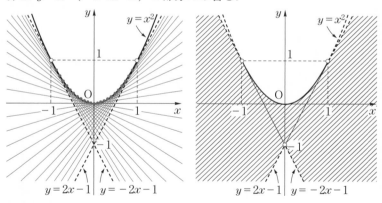

$$y = 2x - 1 \quad | \quad y = -2x - 1$$
$$y = 2x - 1 \quad | \quad y = -2x - 1$$

講 究   直線族 $\{l_t\}$ の包絡線を求めてみよう。

$$l_t : y = (4t-2)x - 4t^2 + 4t - 1$$

まずは，**47**(3)と同じように処理する。右辺を t について整理し

$$y = -4t^2 + 4(x+1)t - 2x - 1$$
$$y = -4\left(t - \frac{x+1}{2}\right)^2 + x^2$$

と変形したところで $y = x^2$ を持ち出し，l_t が $y = x^2$ の接線であることを示せ
ばよい。後は**解答**と同じである。

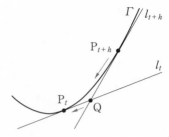

参考〉 巧妙な変形からではなく，直接包絡線を求めてみよう．ここから先は流し読みでも結構です．

1° 直線族 $\{l_t\}$ が包絡線 Γ をもつと仮定する．

$$l_t : a(t)x + b(t)y + c(t) = 0 \quad \cdots\cdots ⑦$$

t に対し，直線 l_t が対応し，l_t は Γ の接線であるから，Γ 上の接点 $\mathrm{P}_t(X(t),\ Y(t))$ が対応する．

次に，t を少し動かし $t+h$ とすると，同じようにして，$t+h$ に対し，直線 l_{t+h} と接点 $\mathrm{P}_{t+h}(X(t+h),\ Y(t+h))$ が対応する．このとき，$l_t,\ l_{t+h}$ の交点を Q とすると，

h を限りなく 0 に近づけると，P_{t+h} は P_t に近づくから，Q も P_t に近づく．

これを式で表そう．

$$\mathrm{Q} : \begin{cases} a(t)x + b(t)y + c(t) = 0 & \cdots\cdots ⑦ \\ a(t+h)x + b(t+h)y + c(t+h) = 0 & \cdots\cdots ④ \end{cases}$$

④－⑦ をつくると，加減法の原理より

$$\iff \begin{cases} a(t)x + b(t)y + c(t) = 0 \\ \{a(t+h) - a(t)\}x + \{b(t+h) - b(t)\}y + \{c(t+h) - c(t)\} = 0 \end{cases}$$

さらに，$h \neq 0$ より

$$\iff \begin{cases} a(t)x + b(t)y + c(t) = 0 \\ \dfrac{a(t+h) - a(t)}{h}x + \dfrac{b(t+h) - b(t)}{h}y + \dfrac{c(t+h) - c(t)}{h} = 0 \end{cases}$$

$h \to 0$ とすると，Q は P_t に近づくから

$$\mathrm{P}_t : \begin{cases} a(t)x + b(t)y + c(t) = 0 & \cdots\cdots ⑦ \\ a'(t)x + b'(t)y + c'(t) = 0 & \cdots\cdots ⑨ \end{cases}$$

である．⑨は⑦を $x,\ y$ を定数とみて t で微分した式とみることができる．

包絡線 Γ は接点 P_t の集合であるから，「⑦かつ⑨」を満たす実数 t が存在するような点 $(x,\ y)$ の集合である．

2° x を k と固定したときの y の動きを考えることにより，「⑦かつ⑨」を示す．

$$l_t : a(t)k + b(t)y + c(t) = 0 \quad \cdots\cdots ⑦'$$

t に対する l_t と包絡線 Γ との接点を P_t とする．$t \pm h$ に対する $l_{t \pm h}$ と $x = k$ との交点 $\mathrm{Q}_{t \pm h}$ を考えると，交点の y 座標は $h = 0$ で増減が変わるから，$y' = \dfrac{dy}{dt} = 0$ である．⑦'

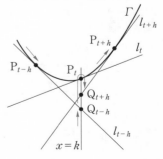

を t で微分する（積の微分法）と

$$a'(t)k + \{b'(t)y + b(t)y'\} + c'(t) = 0$$
$$a'(t)k + b'(t)y + c'(t) = 0 \quad (\because \quad y' = 0)$$

x を動かすことにより，Γ は
$$\begin{cases} a(t)x+b(t)y+c(t)=0 \\ a'(t)x+b'(t)y+c'(t)=0 \end{cases}$$
を満たす実数 t が存在するような点 $(x,\ y)$ の集合であることがわかる．

3°　媒介変数表示された関数の微分を使って「⑦かつ⑨」を示すこともできる．
$$l_t : a(t)x+b(t)y+c(t)=0 \quad \cdots\cdots ⑦$$

t に対する l_t と包絡線 Γ との接点を P_t とすると，$\mathrm{P}_t(x(t),\ y(t))$ における Γ の接線の方程式は

$$Y-y(t)=\frac{\dfrac{dy}{dt}}{\dfrac{dx}{dt}}(X-x(t))$$

$$\therefore\quad \frac{dy}{dt}(X-x(t))-\frac{dx}{dt}(Y-y(t))=0$$

⑦は Γ の接線であるから，$\begin{pmatrix} \dfrac{dy}{dt} \\ -\dfrac{dx}{dt} \end{pmatrix} /\!/ \begin{pmatrix} a(t) \\ b(t) \end{pmatrix}$ が成り立つ．

$$a(t)\frac{dx}{dt}+b(t)\frac{dy}{dt}=0 \qquad \Longleftarrow \begin{pmatrix} p \\ q \end{pmatrix} /\!/ \begin{pmatrix} r \\ s \end{pmatrix} \Longleftrightarrow ps-qr=0$$

$$\therefore\quad a(t)x'(t)+b(t)y'(t)=0 \quad \cdots\cdots ㋓$$

一方，$\mathrm{P}_t(x(t),\ y(t))$ は⑦上の点でもあり
$$a(t)x(t)+b(t)y(t)+c(t)=0 \quad \cdots\cdots ⑦''$$
を満たす．⑦''を t で微分すると
$$a'(t)x(t)+a(t)x'(t)+b'(t)y(t)+b(t)y'(t)+c'(t)=0 \qquad \Longleftarrow 積の微分法$$
㋓を代入すると
$$a'(t)x(t)+b'(t)y(t)+c'(t)=0 \quad \cdots\cdots ㋒$$
を得る．すなわち，包絡線 Γ が存在するならば，次式を満たす．
$$\begin{cases} a(t)x+b(t)y+c(t)=0 \\ a'(t)x+b'(t)y+c'(t)=0 \end{cases}$$

4°　本問では
$$l_t : y=(4t-2)x-4t^2+4t-1 \quad \cdots\cdots ⑦$$
であり，$x,\ y$ を定数とみて，t で微分すると
$$0=4x-8t+4 \quad \cdots\cdots ㋒ \qquad \therefore\quad t=\frac{x+1}{2}$$
である．$l : y=2(2t-1)x-(2t-1)^2$ に代入すると
$$y=2x\cdot x-x^2 \qquad \therefore\quad y=x^2$$
を得る．これが直線族 $\{l_t\}$ の包絡線である．

50　直線の通過領域 (3)

座標平面上に，点 A$(0, -2)$ と円 $C : x^2+(y-2)^2=4$ がある．円 C 上の点 P に対し，線分 AP の中点を M，M を通り AP に垂直な直線を l とする．直線 l が通る点全体の領域を求め，図示せよ．

（東京学芸大・改）

精講　円上の点 P は $\cos\theta$，$\sin\theta$ を使って媒介変数表示することができ，直線 l は θ を媒介変数とする直線族になります．

解　答

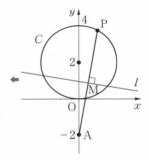

$C : x^2+(y-2)^2=4$

中心 $(0, 2)$，半径 2 の円 C 上の点 P は

$\quad (2\cos\theta, 2+2\sin\theta) \quad (0 \leqq \theta < 2\pi)$

とおくことができる．

A$(0, -2)$ より

$$\overrightarrow{OM} = \frac{\overrightarrow{OA}+\overrightarrow{OP}}{2} = \begin{pmatrix} \cos\theta \\ \sin\theta \end{pmatrix}$$

$$\overrightarrow{AP} = \begin{pmatrix} 2\cos\theta \\ 4+2\sin\theta \end{pmatrix} = 2\begin{pmatrix} \cos\theta \\ 2+\sin\theta \end{pmatrix}$$

M を通り AP に垂直な直線 l の方程式は

$\quad \cos\theta(x-\cos\theta)+(2+\sin\theta)(y-\sin\theta)=0$

$\quad \therefore \quad l : x\cos\theta+(2+\sin\theta)y-1-2\sin\theta=0$

$\qquad\qquad\qquad\qquad\qquad\qquad\qquad \cdots\cdots ①$

◀ 点 (x_0, y_0) を通り，$\vec{n}=\begin{pmatrix} a \\ b \end{pmatrix}$ に垂直な直線の方程式は $a(x-x_0)+b(y-y_0)=0$ である．**24** 参照．

l の通過領域を D とすると，D は ① を満たす $\theta(0 \leqq \theta < 2\pi)$ が存在するような点 (x, y) の集合である．

①を θ について整理すると

$\quad x\cos\theta+(y-2)\sin\theta=1-2y \quad \cdots\cdots ①'$

$(x, y)=(0, 2)$ は ①′ を満たさないから，

$(x, y) \neq (0, 2)$ である．したがって

◀ $\cos\theta$，$\sin\theta$ の係数の組 $(x, y-2) \neq (0, 0)$ である．

$\quad r=\sqrt{x^2+(y-2)^2}$

とおくと

$\quad ①' \iff r\left(\dfrac{x}{r}\cos\theta+\dfrac{y-2}{r}\sin\theta\right)=1-2y$

$\cos\varphi = \dfrac{x}{r}$, $\sin\varphi = \dfrac{y-2}{r}$ となる φ が存在するから $\quad\blacktriangleleft\left(\dfrac{x}{r}\right)^2+\left(\dfrac{y-2}{r}\right)^2=1$. **12**参照.

$\quad$①′ $\Longleftrightarrow r(\cos\theta\cos\varphi+\sin\theta\sin\varphi)=1-2y$

$\qquad\Longleftrightarrow \cos(\theta-\varphi)=\dfrac{1-2y}{\sqrt{x^2+(y-2)^2}}\qquad\blacktriangleleft$ 加法定理

したがって，$\theta\,(0\leqq\theta<2\pi)$ が存在する
条件は

$\qquad\left|\dfrac{1-2y}{\sqrt{x^2+(y-2)^2}}\right|\leqq 1$

$\quad\Longleftrightarrow (1-2y)^2\leqq x^2+(y-2)^2$

$\quad\therefore\ \dfrac{x^2}{3}-y^2\geqq -1$

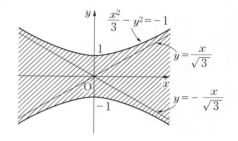

これを図示すると**右図の斜線部分**と
なる．境界も含む．

講究 ①′ において

$\qquad X=\cos\theta,\ Y=\sin\theta$

とおくと

$\qquad$①′ $\Longleftrightarrow xX+(y-2)Y+2y-1=0\quad\cdots\cdots$ ①″

であり，①を満たす $\theta(0\leqq\theta<2\pi)$ が存在する条件を次のように処理してもよい.

$\qquad$①を満たす $\theta(0\leqq\theta<2\pi)$ が存在する

$\quad\Longleftrightarrow$ ①″ が円 $X^2+Y^2=1$ と共有点をもつ

$\quad\Longleftrightarrow$ （中心 $(0,\ 0)$ と①″ の距離）$\leqq 1$

$\quad\Longleftrightarrow \dfrac{|2y-1|}{\sqrt{x^2+(y-2)^2}}\leqq 1$

以下，**解答**と同じ.

このように，円を $\cos\theta$, $\sin\theta$ で媒介変数表示したり，$\cos\theta$, $\sin\theta$ を円に置き換えたりする操作が自在にできるようにしておきたい.

第5章

51　線分の通過領域

放物線 $y=x^2$ 上に2点 $P(t,\ t^2)$, $Q(t+1,\ (t+1)^2)$ をとる. 次の問いに
答えよ.

(1)　t がすべての実数を動くとき, 直線 PQ が通過する領域を求めよ.

(2)　t が $-1 \le t \le 0$ の範囲を動くとき, 線分 PQ が通過する領域を求め,
図示せよ.

(横浜国大)

精 講　(1)　まずは直線 PQ の方程式をつくり
ましょう. 次に, この方程式を満たす
実数 t が存在するような点 $(x,\ y)$ の集合を求めま
す.

←他の解法もあります. **47** 参
照.

(2)　(1)の境界が直線族の包絡線と考えられます. これ
を確かめ, 線分 PQ の動きを探りましょう.

解　答

(1)　直線 PQ の傾きは
$$\frac{(t+1)^2-t^2}{(t+1)-t}=2t+1$$
であるから, 直線 PQ の方程式は
$$y=(2t+1)(x-t)+t^2$$
$$\therefore\quad y=(2t+1)x-t^2-t \quad \cdots\cdots ①$$

←傾き$=\dfrac{y\text{の増分}}{x\text{の増分}}$

←傾き $2t+1$ で点 $P(t,\ t^2)$
を通る直線の方程式である.

直線 PQ の通過領域は①を満たす実数 t が存在
するような点 $(x,\ y)$ の集合である. ①を t につい
て整理し
$$t^2-(2x-1)t+y-x=0 \quad \cdots\cdots ①'$$
①′ の判別式を D とすると
$$D=(2x-1)^2-4(y-x)$$
$$=4x^2-4y+1$$
であり, 求める条件は
$$D \ge 0 \quad \therefore\quad y \le x^2+\frac{1}{4}$$

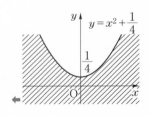

(2)　(1)で求めた領域の境界である放物線

$$y = x^2 + \frac{1}{4} \quad \cdots\cdots ②$$

と直線①の関係を調べる．連立すると

←②が直線族①の包絡線であることを確かめる．

$$x^2 + \frac{1}{4} = (2t+1)x - t^2 - t$$

$$x^2 - 2\left(t + \frac{1}{2}\right)x + t^2 + t + \frac{1}{4} = 0$$

$$\left(x - t - \frac{1}{2}\right)^2 = 0$$

$$\therefore \quad x = t + \frac{1}{2} \quad (重解)$$

←重解 $\iff$ 共有点1個
$\iff$ 接する

したがって，直線①は放物線②上の点

$\left(t + \dfrac{1}{2},\ \left(t + \dfrac{1}{2}\right)^2 + \dfrac{1}{4}\right)$ における接線である．

t は $-1 \leqq t \leqq 0$ の範囲を動くから

$$-\frac{1}{2} \leqq t + \frac{1}{2} \leqq \frac{1}{2}$$

である．

線分 PQ : $\begin{cases} ① \\ t \leqq x \leqq t+1 \end{cases}$ は

$t = -1$ のときは，線分 $y = -x \ (-1 \leqq x \leqq 0)$,

$t = 0$ のときは，線分 $y = x \ (0 \leqq x \leqq 1)$

←移動する線分 PQ の「最初と最後」をおさえた．

であるから，下の左図のように動く．

したがって，線分 PQ の通過領域は**下の右図の斜線部分**となる．境界も含む．

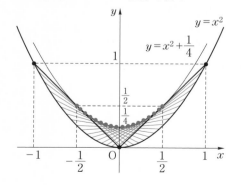

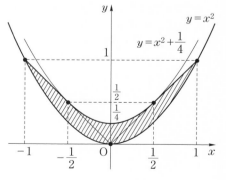

52 円の通過領域

a, t を実数とするとき，座標平面において，
$$x^2+y^2-4-t(2x+2y-a)=0$$
で定義される図形 C を考える．次の問いに答えよ．

(1) すべての t に対して C が円であるような a の範囲を求めよ．ただし，点は円とみなさないものとする．

(2) $a=4$ とする．t が $t>0$ の範囲を動くとき，C が通過してできる領域を求め，図示せよ．

(3) $a=6$ とする．t が $t>0$ であって，かつ C が円であるような範囲を動くとき，C が通過してできる領域を求め，図示せよ．

(千葉大)

精講 (1) 図形 C の式を $(x-a)^2+(y-b)^2=R$ と変形したとき，これが円であるための条件は
$$R>0$$
です．ここでは，すべての t に対して $R>0$ であるための条件を求めます．

← $R>0$ ならば，円
$R=0$ ならば，点
$R<0$ ならば，図形を表さない.

(2) $a=4$ は(1)で求めた範囲にあるので，C はすべての $t>0$ に対して円です．C の通過領域を D とすると
$$(x,\ y)\in D$$
$\iff$ 与えられた等式を満たす $t(>0)$ が存在する
であり，D は与えられた等式を満たす $t(>0)$ が存在するような点 $(x,\ y)$ の集合です．

← 一般の図形の通過領域も直線族の通過領域を求めるときと同じ考え方で求めることができます．

(3) 円である条件をおさえた後は，(2)と同じように処理します．

解　答

(1)　$C : x^2+y^2-4-t(2x+2y-a)=0$　　……①

①を変形して

　　　$C : (x-t)^2+(y-t)^2=2t^2-at+4$　　……①′

すべての t に対して C が円である条件は，

　「すべての t に対して $2t^2-at+4>0$ が成り立つ」

ことである.

　　$2\left(t-\dfrac{a}{4}\right)^2-\dfrac{a^2}{8}+4>0$

より，求める条件は

　　$-\dfrac{a^2}{8}+4>0$

　　$\therefore$　$-4\sqrt{2}<a<4\sqrt{2}$

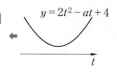

$y=2t^2-at+4$

← $-\dfrac{a^2}{8}+4=0$ のときは点となる C が出現するので，$-\dfrac{a^2}{8}+4=0$ は除外する.

(2)　$a=4$ のとき

　　　①　$\Longleftrightarrow$　$2(x+y-2)t=x^2+y^2-4$　　……②

t が $t>0$ の範囲を動くときの C の通過領域は，

　「②を満たす正の数 t が存在する ……（＊）」

ような点 $(x,\ y)$ の集合である.

← $At=B$ の解の存在条件を求める. **1** 参照.

(i)　$x+y-2=0$ のとき

　　　②　$\Longleftrightarrow$　$0\cdot t=x^2+y^2-4$

$x^2+y^2=4$ ならば，上式を満たす正の値 t は無数

に存在する. したがって

　　　$\begin{cases} x+y=2 \\ x^2+y^2=4 \end{cases}$

　　　$\therefore$　$(x,\ y)=(2,\ 0),\ (0,\ 2)$

この 2 点は求める領域に含まれる.

← $\begin{cases} y=2-x \\ x^2+(2-x)^2=4 \end{cases}$
あるいは
$\begin{cases} x+y=2 \\ xy=0 \end{cases}$
などと変形し，解けばよい.

(ii)　$x+y-2\neq0$ のとき

　　　②　$\Longleftrightarrow$　$t=\dfrac{x^2+y^2-4}{2(x+y-2)}$

であるから，（＊）であるための条件は

　　$\dfrac{x^2+y^2-4}{2(x+y-2)}>0$

　　$\Longleftrightarrow$　$(x+y-2)(x^2+y^2-4)>0$

← $\times 2(x+y-2)^2(>0)$

以上(i), (ii)より，図示すると**右図の斜線部分**とな
る．境界は2点 $(2, 0)$，$(0, 2)$ のみを含む．

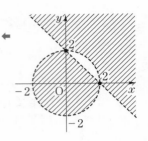

(3) $a=6$ のとき

①′より
$$C : (x-t)^2+(y-t)^2=2t^2-6t+4$$
$t>0$ であって，かつ C が円である条件は
$$\begin{cases} t>0 \\ 2(t^2-3t+2)>0 \end{cases}$$
$$\Longleftrightarrow \begin{cases} t>0 \\ 2(t-1)(t-2)>0 \end{cases}$$
$$\therefore \quad 0<t<1 \text{ または } 2<t \quad \cdots\cdots ③$$
である．

また，
$$① \Longleftrightarrow 2(x+y-3)t=x^2+y^2-4 \quad \cdots\cdots ④$$
t が③の範囲を動くときの C の通過領域は，
「③かつ④を満たす t が存在する　……（**）」
ような点 (x, y) の集合である．

◆ $At=B$ の解の存在条件を求める．

(i) $x+y-3=0$ のとき
$$④ \Longleftrightarrow 0\cdot t=x^2+y^2-4$$
$x^2+y^2=4$ となる (x, y) ならば，上式を満たす
t は任意の値でよく，③の範囲に限っても無数に
存在する．ところが，
中心 $(0, 0)$ と直線 $x+y-3=0$ との距離は，

◆円と直線との位置関係を調べる．

$$\frac{|0+0-3|}{\sqrt{1^2+1^2}}=\frac{3}{\sqrt{2}}>2 \text{（半径）}$$

であり，連立方程式 $\begin{cases} x+y-3=0 \\ x^2+y^2=4 \end{cases}$ を満たす
(x, y) は存在しない．

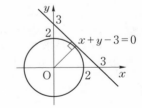

(ii) $x+y-3\neq0$ のとき
$$④ \Longleftrightarrow t=\frac{x^2+y^2-4}{2(x+y-3)}$$
であるから，（**）であるための条件は
$$0<\frac{x^2+y^2-4}{2(x+y-3)}<1 \quad \cdots\cdots ⑤$$
または
$$2<\frac{x^2+y^2-4}{2(x+y-3)} \quad \cdots\cdots ⑥$$

ここで

(ア)　$x+y-3>0$　のとき

$⑤ \Longleftrightarrow 0<x^2+y^2-4<2(x+y-3)$

$\Longleftrightarrow \begin{cases} x^2+y^2>4 \\ (x-1)^2+(y-1)^2<0 \end{cases}$

これを満たす実数の組 (x, y) は存在しない.

$⑥ \Longleftrightarrow 4(x+y-3)<x^2+y^2-4$

$\Longleftrightarrow (x-2)^2+(y-2)^2>0$

$(x, y)=(2, 2)$ 以外のすべての点.

(イ)　$x+y-3<0$　のとき

$⑤ \Longleftrightarrow 0>x^2+y^2-4>2(x+y-3)$

$\Longleftrightarrow \begin{cases} x^2+y^2<4 \\ (x-1)^2+(y-1)^2>0 \end{cases}$

$(x, y)=(1, 1)$ を除いた円の内部
$x^2+y^2<4$

これは $x+y-3<0$ を満たす.

$⑥ \Longleftrightarrow 4(x+y-3)>x^2+y^2-4$

$\Longleftrightarrow (x-2)^2+(y-2)^2<0$

これを満たす実数の組 (x, y) は存在しない.

(ア), (イ)をまとめると

$(x, y)=(2, 2)$ を除いた半平面 $x+y-3>0$

または

$(x, y)=(1, 1)$ を除いた円の内部 $x^2+y^2<4$

である.

以上(ⅰ), (ⅱ)より, 図示すると**右図の斜線部分**となる. 境界および 2 点 $(2, 2)$, $(1, 1)$ は除く.

← 分母を払うために,
(ア)（分母）>0
(イ)（分母）<0
の場合分けをする.

←（中心と直線との距離）
$=\dfrac{3}{\sqrt{2}}>$（半径）より, 円は半平面 $x+y-3<0$ に含まれる.

←

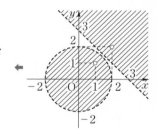

53 放物線の通過領域

実数 a に対し，xy 平面上の放物線 $C: y=(x-a)^2-2a^2+1$ を考える．次の問いに答えよ．

(1) a がすべての実数を動くとき，C が通過する領域を求め，図示せよ．

(2) a が $-1 \leqq a \leqq 1$ の範囲を動くとき，C が通過する領域を求め，図示せよ．

(横浜国大)

精講 放物線の通過領域であっても考え方は今までと同じです．

(I) 「与えられた条件を満たす実数 a が存在する」ような点 (x, y) の集合を求める． ←**講究**

(II) x を固定したときの y の値域を求め，次に x を動かす．

(2)では媒介変数 a に条件が付いてくるので，**48**と同じく，**解答**では(1)，(2)ともに1文字固定を採用することにします．

解 答

(1) $C: y=(x-a)^2-2a^2+1$ ……① x を k として固定すると，①の式は
$$y=(k-a)^2-2a^2+1$$
$$=-a^2-2ka+k^2+1$$
$$=-(a+k)^2+2k^2+1$$
a はすべての実数を動くから
$$y \leqq 2k^2+1$$
次に，k を実数全体で動かすと，求める領域は
$$y \leqq 2x^2+1$$
である．図示すると，**右図の斜線部分**となる．境界も含む．

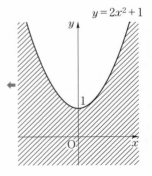

(2) x を k と固定して，a が

$$-1 \leqq a \leqq 1 \quad \cdots\cdots ②$$

の範囲を動くときの y の値域を求める．

$$f(a) = -(a+k)^2 + 2k^2 + 1$$

とおき，対称軸 $a = -k$ の位置で場合分けする．

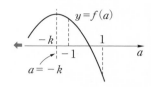

(ⅰ) $-k < -1 \ (k > 1)$ のとき

$$f(1) \leqq f(a) \leqq f(-1)$$
$$\therefore \quad k^2 - 2k \leqq y \leqq k^2 + 2k$$

(ⅱ) $-1 \leqq -k \leqq 1 \ (-1 \leqq k \leqq 1)$ のとき

$$\min\{f(-1),\ f(1)\} \leqq f(a) \leqq f(-k)$$
$$\therefore \quad \min\{k^2 + 2k,\ k^2 - 2k\} \leqq y \leqq 2k^2 + 1$$

◀ $\min\{X,\ Y\}$ は $X,\ Y$ を比較したときの大きくない方の値である．

(ⅲ) $-k > 1 \ (k < -1)$ のとき

$$f(-1) \leqq f(a) \leqq f(1)$$
$$\therefore \quad k^2 + 2k \leqq y \leqq k^2 - 2k$$

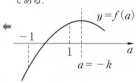

次に，x を実数全体で動かすと，求める領域は

$$\begin{cases} x < -1 \text{ のとき，} & x^2 + 2x \leqq y \leqq x^2 - 2x \\ -1 \leqq x \leqq 1 \text{ のとき，} & \min\{x^2 - 2x,\ x^2 + 2x\} \leqq y \leqq 2x^2 + 1 \\ x > 1 \text{ のとき，} & x^2 - 2x \leqq y \leqq x^2 + 2x \end{cases}$$

である．図示すると**下図の斜線部分**となる．境界も含む．

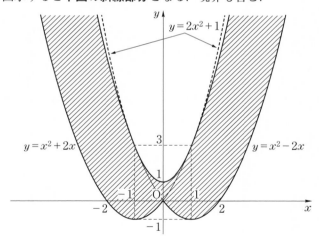

(1)　$C : y=(x-a)^2-2a^2+1$　……①

　　　　　a がすべての実数を動くときの C の通過領域は，「①を満たす実数 a が存在する」ような点 (x, y) の集合である.

　①を a について整理すると

　　　$a^2+2xa+y-x^2-1=0$　……①′

①′ の判別式を D とおくと

$$\frac{D}{4}=x^2-(y-x^2-1)=2x^2-y+1$$

　求める条件は

　　　$D \geqq 0$　　∴　$\boldsymbol{y \leqq 2x^2+1}$

図示すると，**解答**の斜線部分となる.

(2)　a が $-1 \leqq a \leqq 1$　……② の範囲を動くときの C の通過領域は，「①′ かつ②を満たす実数 a が存在する」ような点 (x, y) の集合である.

　　　$g(a)=a^2+2xa+y-x^2-1$

とおき，$b=g(a)$ のグラフを考える. 端点 $g(-1)$, $g(1)$ の符号が「異符号または 0」，「同符号または 0」で場合分けすると，求める条件は

$$g(-1)g(1) \leqq 0 \text{ または } \begin{cases} \text{頂点の } b \text{ 座標} : g(-x) \leqq 0 \\ \text{対称軸} : -1 \leqq -x \leqq 1 \\ \text{端点の符号} : g(-1) \geqq 0 \text{ かつ } g(1) \geqq 0 \end{cases}$$

これは

$$(y-x^2-2x)(y-x^2+2x) \leqq 0 \text{ または } \begin{cases} y-2x^2-1 \leqq 0 \\ -1 \leqq x \leqq 1 \\ y-x^2-2x \geqq 0 \\ y-x^2+2x \geqq 0 \end{cases}$$

であり，それぞれ図示すると下図となり，あわせると**解答**の図を得る.

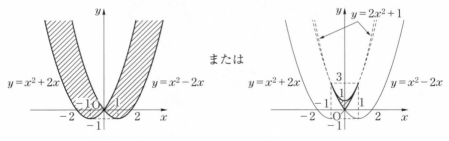

参考〉　包絡線をみつけてみよう.

(1)で求めた領域の境界　$y=2x^2+1$　と①を連立すると

$$2x^2+1=(x-a)^2-2a^2+1$$

$$x^2+2ax+a^2=0$$

$$(x+a)^2=0 \qquad \therefore \quad x=-a \text{（重解）}$$

放物線①は放物線　$y=2x^2+1$　と点 $(-a, 2a^2+1)$ で接する. すなわち, 放物線　$y=2x^2+1$　は放物線族①の包絡線である. $-1\leqq a\leqq 1$ の範囲で a の値をいくつか代入し, 放物線①を次々とかいてみる.

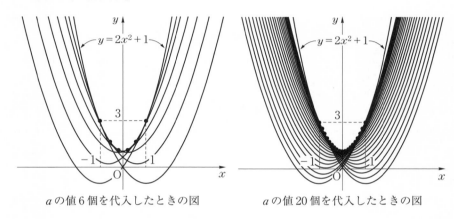

a の値 6 個を代入したときの図　　　a の値 20 個を代入したときの図

代入する a の個数が少ないと通過領域の全体像はわかりにくい. また, 境界の説明が不十分である. 曲線族の通過領域を求めるには,「媒介変数の存在条件」または「1 文字固定」の解法をとるのがよいだろう.

memo

memo

memo

memo

memo